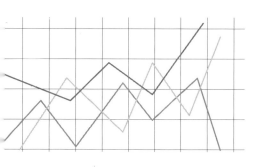

孩子读得懂的区块链

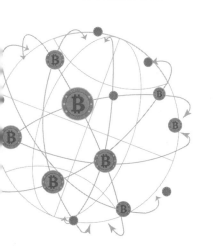

区块链骑士
QU KUAI LIAN
QI SHI
著

U0234008

北京理工大学出版社
BEIJING INSTITUTE OF TECHNOLOGY PRESS

图书在版编目（CIP）数据

孩子读得懂的区块链／区块链骑士著.—北京：
北京理工大学出版社，2021.3
ISBN 978-7-5682-9389-1

Ⅰ.①孩… Ⅱ.①区… Ⅲ.①区块链技术—青少年读
物 Ⅳ.①TP311.135.9-49

中国版本图书馆CIP数据核字（2020）第263618号

出版发行／北京理工大学出版社有限责任公司
社　　址／北京市海淀区中关村南大街5号
邮　　编／100081
电　　话／（010）68914775（总编室）
　　　　　（010）82562903（教材售后服务热线）
　　　　　（010）68948351（其他图书服务热线）
网　　址／http://www.bitpress.com.cn
经　　销／全国各地新华书店
印　　刷／三河市冠宏印刷装订有限公司
开　　本／787毫米×1200毫米　　1/16
印　　张／11　　　　　　　　　　　　　　　责任编辑／王玲玲
字　　数／115千字　　　　　　　　　　　　文案编辑／王玲玲
版　　次／2021年3月第1版　　2021年3月第1次印刷　　责任校对／刘亚男
定　　价／45.00元　　　　　　　　　　　　责任印制／施胜娟

序 言

和"区块链"的第一次见面

亲爱的小读者，非常开心你能打开这本书。

在科技至上的今天，任何经济的发展都离不开新技术的使用和普及，我们相信，了解并掌握一门新技术也是学习的重要法宝之一，接下来，让我陪你一起探索前沿科技领域的一项重要技术——区块链！

~ 1 ~

你是否在最近一两年听说过区块链呢？

如果你认真看《新闻联播》的话，会发现这个词经常出现。

当然啦，如果你的爸爸妈妈是从事互联网相关工作的话，那你不妨下次竖起耳朵听听他们的对话，也许你会意外地听到这个词呢。

不过，对于大多数小读者来说，这个词可能是第一次听说，但是说不定"区块链"这三个字将会在未来很长一段时间里陪伴你成长，并走进你的生活，甚至说不定你以后还会从事和区块链相关的工作，所以你要记住这个时刻哦！就像你第一次背着书包去学校一样，心里是不是乐开了花？现在的你应该都还记得在学校的第一天是怎么度过的吧？而对

于区块链来说，现在的这一刻同样值得你去记住，那么就请把它悄悄地放在心底吧。

~ 2 ~

好了，现在你已经认识了"区块链"三个字，但光认识还是不够的，我们需要从本质上了解这门技术的产生与发展。

你一定很想知道"区块链"到底是什么吧？为什么我还要专门写一本书来讲解？别急，且让我慢慢讲给你听。

首先，我们先从字面本身来理解下"区块链"这三个字。

你一定知道自己小区的名字吧，或者像"上海浦东新区""北京朝阳区"这样的词汇。"区"，本身的意思是某个地方或者某个区域，因此它就像一个画出来的格子似的。而"块"的话，会让我们想起什么呢？可能会想起方块，比如一个魔方、一个盒子。最后的这个"链"字就比较有趣了，什么地方会用到"链"呢？是妈妈脖子上的项链？还是衣服上面的拉链？或是戴在手腕上的手链？

家里有自行车的小朋友，可以尝试着回忆一下，自行车上面是不是也有根链条？仔细观察，你就会发现，这些"链条"都有个共同特点——它们都像绳子一样，都是用一颗一颗的金属物连接起来的。

区块链，就好像是把一个个块状的东西像链条一样连在一起，然后拼出像铁链一样的图形，如果我们把它画出来，大概就长下面这样：

像不像项链？像不像自行车的链条？

当然啦，这个只是我们想象出来的样子，实际的区块链是看不见摸不着的，因为它是存在于计算机中的程序，类似于一种全新的编程语言，最终构建成一个特殊的互联网形态。它跟互联网一样，虽然我们看不到摸不着，但它是真真实实存在的，能让我们通过手机买东西，在网上与朋友聊天，甚至将整体世界展现在我们眼前。

区块链不是一种物体，而是像空气、网络一样的存在，尽管无形，但却意义重大。

好了，现在我们已经大概知道区块链"长"什么样子了，接下来我们一起来探究一下这种技术有什么作用吧。

你有没有发现，爸爸妈妈经常通过手机买菜、买书、买衣服，而且

能送货上门；我们可以坐在沙发上，拿起手机播放喜欢的节目；我们还可以足不出户就与另一座城市的小伙伴视频聊天，要知道这些事情在很多年前都是不可能做到的，而这些都是互联网发展带来的改变。

区块链就跟互联网一样，将会改变我们的生活，只是它现在还比较幼小，需要我们花时间让它成长起来。

~ 3 ~

区块链在未来可以帮助我们做什么呢？在这里，我先简单地和你介绍下区块链的作用，看看这个听起来奇怪的家伙，究竟拥有怎样的"超能力"。

在此之前，我们先来听一个森林里的故事。

话说很久以前，在南方的一片森林里，住着各种野生动物，有狗熊、豹子、老虎、狮子、兔子、松鼠、狐狸、猴子等，它们快乐、和谐地生活在同一片森林里。

而在这片森林的旁边是一片茂密的草原，那里生活着一群野狼，它们常常来骚扰住在森林里的动物，搞得大家都很担心和害怕。

有一天，老虎先生和狐狸老弟提出建议，它们要建立一支安保队，来抵抗隔壁草原的野狼。而安保队队长可以享受到其他动物提供的食物，还能住在离水最近的山洞里。这个看起来很危险的职务，实际诱惑不小，老虎、狗熊、狮子和豹子都想获得这个职位。

于是这个安保队队长的职位，变成了四只动物的争夺目标，大家互不相让，甚至发生了冲突。

直到聪明的狐狸想出了用投票的方式来解决这个问题。

于是，在一个晴朗的下午，森林里所有动物都聚到一起，围成一个大圈，作为竞选者的老虎、狗熊、狮子和豹子位列中间，然后狐狸给每个动物分发了一片树叶，让它们写下自己心中的安保队队长。

10分钟后，狐狸把所有动物的投票树叶收集在一起，并告诉大家，明天同一时间将会在这里宣布结果，于是大家都满怀期待地回家了。

第二天，所有动物又聚到一起，只见狐狸出现在大家中间，老虎、狗熊、狮子和豹子则满眼期待地等着结果……

最后狐狸激动地宣布："本次森林安保队队长的竞选结果出来了，最终获胜者是豹子！"

顿时，在场的动物们一阵骚动，叽叽喳喳说个不停，因为大家都知道狐狸和豹子是好朋友，觉得这个投票结果可能有问题。

狮子不服气地对狐狸说："狐狸老弟，我觉得你在说谎，不可能是豹子，凭我和老虎的气势，应该是我们俩当中的一个。"

一边的狗熊也质疑道："就是，我们都知道你俩关系好，我们要求重新投票！而且树叶也分不清是谁写的，不公平！"

于是，所有动物都开始嚷嚷起来，要求重新投票。

一直没说话的老虎突然站了出来，自信地说："我看不如这样，那边有块大石头，我们在石头上写上老虎、狗熊、狮子和豹子的名字，其他的动物用自己的爪子现场在石头上画圈做记号，这样谁也改不了结果。"

动物们一听，觉得这个想法棒极了，纷纷点头……

最后，经过一个小时的画圈投票后，动物们惊讶地发现，票数最多的竟然是老虎，其次是狮子，最少的是豹子。

狐狸此时正脸红地站在一旁，疯狂地给动物们道歉。

其实，上面这个故事就体现了区块链的作用，区块链就像刻在石头上的印记，很难被抹掉，而且是所有人都可以看到的，这样就避免了狐狸作弊事件的发生。

当然，区块链的作用不只有这一个，它还可以帮助我们了解家里购买的食品来自哪里，帮助我们快速地买到心仪的玩具，以及让造假的坏人无所遁形……

接下来，我将会在这本书中好好地跟你讲讲区块链是怎么来的，又有什么作用。我会通过一些有趣的故事来告诉你，区块链会被应用在哪些领域，以及怎样改变我们的生产生活。

最后，希望你可以通过本书了解到区块链的一些趣味知识，并分享给周围的小伙伴。相信你读完这本书后，会惊讶地发现世界原来这么精彩，还有这么多不熟悉的"新玩意儿"值得我们一起去探索学习。

下面，让我们正式进入区块链的世界，一起去探寻这个神奇的宝藏吧！

目 录

C O N T E N T S

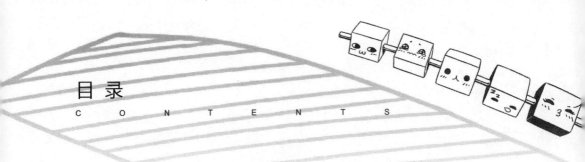

目 录

C O N T E N T S

第 一 章

区块链的诞生

货币的起源

小读者们，你们知道货币（也就是大家口中常说的"钱"）是怎么来的吗？

作为日常生活中不可或缺的东西，货币（钱）扮演着至关重要的角色，要知道出门在外口袋里没有钱是寸步难行的，货币的重要性不仅体现在实际的消费中，还在于它是我们日常生活中的"交易媒介"。

怎么来理解"交易媒介"呢？

也许大家小时候都有这样的经历，看到自己小伙伴的玩具很有趣，但是爸爸妈妈可能不会给自己买，于是想出一个主意——和小伙伴交换玩具。

这在你们的小圈子里是不是经常发生呢？这些被拿来交换的玩具其实就充当了"交易媒介"的作用。而在大人的世界里，不能总是物物交换吧，这样既不方便计价，也不方便携带一些巨大的"交易媒介"，于是出现了一种计价单位和交易媒介——货币。

也许你会好奇，货币一开始就是我们现在看到的"钱"的样子吗？

其实不是，货币是用了几千年才成为大家现在看到的这类纸币形态。下面我们一起来了解一下货币的起源，这将会是个有趣的故事。

首先，我们要明白货币的发展可谓是人类发展的一个缩影，其中包含历史、经济、文化、宗教、政治、艺术、生物、神经学乃至未来学。所以，梳理货币的发展脉络可以看到未来的一些东西。

要知道，人类生活中一开始是不存在"货币"这种东西的，甚至没有货币的概念。

几千年前，也就是"猛犸象"还存在的时代，原始部落的人们会用本部落的羊去交换隔壁部落的水果和粮食，所以，那时候的货币就是这些看似"等价"的交换物，也就是前面我们提到的"交易媒介"。

那个时候，因为人类刚刚进入群体生活，每个群体只能依靠自己周围环境的产物而生存，有的地方动物多，有的地方水果多，于是人们会相约到一个地方，用自己抓到的羊、鹿或者别的动物去交换水果。这样，两边各取所需，大家都能开开心心地回家，是不是很像你们交换玩具的场景？

　　而在当时的西方世界，人们还会用啤酒来充当"交易媒介"，要知道啤酒早在公元前6000年就存在了，是不是很惊讶？

　　根据古埃及金字塔的记录，当时修建吉萨金字塔的建筑工人就是用啤酒来当作报酬的，人们把啤酒当作货币来使用，啤酒既是食品，也是交易媒介，这种交易方式延续了上百年之久。

　　随着人类生产生活的进步，携带货品交换变得非常不便，设想，每次交换东西都要拉着羊、抱着水果，是不是特别麻烦？于是后来便有了"海贝"这种货币，即所谓的贝币，其实就是用海边贝壳做出的"钱"。这一转换是历史上非常有纪念意义的货币发展转折点。

贝币

没过多久，世界上有了用金属代替贝币的先例，而铜币、银币甚至金币的出现，让货币的价值本身发生了转变。

尤其是咱们中华民族的货币，在这一时期伴随着朝代更替有了巨大的飞跃，诞生了许多有历史价值的货币。

当然，每个朝代的货币也都不一样，大家最熟悉的可能就是古装剧中常说的"白银五两""黄金三两""铜钱千个"这些了。据不完全统计，中华五千年的历史中，有上百种货币产生，如圆钱、刀币、直百钱、永通万国、开元通宝等，这些货币和它们有趣的名字，成为我们的宝贵历史文化和文物。

如果只是用黄金白银或者铜钱作为货币，依然面临着一个问题——举例来说，1克白银目前大约价值3.8元，假如你爸爸要买一辆摩托车，市场价大概12000元，那么大约需要准备3千克的白银才能买到，而3千克白银的重量又相当于一个小西瓜的重量。想想看，是不是携带起来很不方便？

于是，人们又在想，能不能让货币变得轻巧些？

最终，故事又回到了距今1000多年前的宋朝。北宋1023年，四川境内出现了一种名为"交子"的货币，与其他货币不同的是，它是一种纸币，携带非常轻便，曾作为官方法定的货币流通，在四川境内流通了近80年。

交子

可以说，交子是中国古代劳动人民的重要发明，是中国最早由政府正式发行的纸币，也被认为是世界上最早使用的纸币，比美国、法国等西方国家发行纸币要早六七百年。

因此，除了四大发明外，纸币也是在我们国家最早诞生的，是不是很自豪？

而随后的若干年，货币的发展一直在金银交换物、纸币之间来回跳跃，甚至延续了几百年。并且世界各地的货币都是如此，没有多大变化，只是形式和形状有所不同。

不过，随着发展，纸币的携带并不是最方便的方式了，小朋友不妨想想，自己有没有丢过零花钱的伤心故事呢？而这都是因为硬币或者纸币存在丢失和损坏的可能，同时，一些不法分子还会使用假钱，给大家带来很多不必要的麻烦。

所以，勤劳聪明的人类又想出了另外一种货币形式，也就是现在频繁被使用的电子支付和电子转账。

你看，我们花了几千年才发展到货币现在的交易形式，其实非常不容易。

20世纪90年代，随着国外互联网的发展，国际上有了"电子货币"这一说法。因其发展伴随着计算机和互联网的进步，基本算是彻底颠覆了货币的形式，

并且使得金融的交易有了显著甚至是飞跃的提升。

发展到今天，咱们国内已经基本进入了"无现金"的支付社会，大家出门只要携带手机就可以完成支付和转账了，甚至一些小朋友的智能手表都可以完成支付，这些都是电子货币发展带来的益处。

可以说，电子货币的安全性和便捷性已经达到让人满意的程度，人们再也不用携带大量货币出门，也不用担心丢钱和收到假币了。

根据2019年的统计显示，随着我国智能手机的普及，移动支付的渗透率已经达到70%，位居世界第一，用户量超过10亿，相当于3个美国人口的总和，可以说发展相当惊人。

到了现在，小读者不妨再思考下，这就是货币最终的样子吗？接下来货币的发展方向又会是怎样呢？

在思考这个问题前，我再给大家普及一个小知识：我们现在所熟悉的电子转账或者扫码支付，其实背后都是一种"记账方式"，就像有人在一个本子上记录我们钱的使用。比如你妈妈在逛街时，买菜花了多少钱，买水果花了多少钱，给你买零食又花了多少钱，每个人都有这样一个"账本"。正是有了这个"账本"的存在，我们才能凭借一部手机就完成付钱的动作，但背后的运算过程其实非常复杂呢。

那这些复杂的账本计算工作又由谁来负责和完成呢？

在我们国家，它是由各大银行（如工商银行、建设银行、农业银行等）和第三方支付机构（如支付宝、微信等）来负责记账，而我们国家最大的中央银行——中国人民银行，则拥有整个国家账本的记账权。他们通过电脑在后台没日没夜地计算，最终才能给我们带来这么便利的支付方式。

上面我们提到的"记账"本质上来说是一种中心化的记账方式，并且背后需要各个银行、中间机构实时对账，保证不发生一点点错误。因此，这是一件非常耗费人力和物力的事，如果突然出现断网断电的情况，我们就不能顺利完成支付了。

所以，我们所使用的电子转账其实并不是立即就可以得到银行的确认，只不过是交易的数据执行。银行后台真正的交易记录还需要等到第二天甚至是第三天才能最终完成确认。

另外，一些国际转账就更麻烦了，我们要想从国外汇一笔钱到国内，短则需要4~5天，长则需要一周以上。

于是，人们又开始思考，有没有什么方式可以不用这么麻烦，不需要这么多中间步骤呢？

这就是下一节要为大家讲解的一种全新的货币形式，也是区块链的第一个应用——比特币。它的诞生不仅给我们带来了与现在电子支付不一样的支付方式，还是过去几十年计算机发展的重要产物。

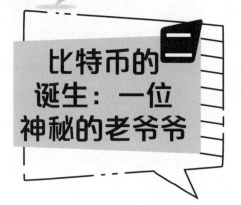

比特币的诞生：一位神秘的老爷爷

"比特币"这三个字，小读者们是不是第一次听到呢？

首先我向你们解释下什么是"比特"——比特是一个计算机的专业术语，也是信息量的最小度量单位。

而在比特后面再加个"货币"的"币"，就组合成了"比特币"，因此，比特币本身可以理解为是基于计算机的一种货币。

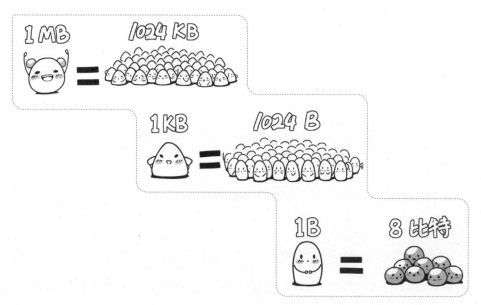

比特与其他存储单位

当然，小读者们对计算机知识可能了解得还不够，我们就先简单理解为——比特币是一种全新的、基于计算机而产生的数字货币，关于比特币的知识，我们先从一位老爷爷讲起……

时间倒退回2008年9月15日，全球著名投资银行雷曼兄弟（Lehman Brothers）申请了破产保护，这成为美国历史上最大的破产保护案。所谓破产保护，就是公司没有钱了，只能选择清算资产。

但是，小读者们可能不知道，这家名叫雷曼兄弟的银行成立于1850年，有150多年的历史，谁也没想到它会轰然倒下，而随着该银行的倒闭，也拉开了著名的"2008年金融危机"大幕。

同年10月，为了帮助一些在金融危机中面临财务困难的公司和投资机构，美国政府授权了7000亿美元用来救助银行系统，以防止更大的危机产生。

小读者们可能对金融危机还没什么概念，简单来说，金融危机会让上百万人失业，也会给国家造成难以估量的经济损失，甚至让一些人吃不起饭，没房子睡觉，所以，人们非常害怕金融危机的发生。

也是在那年，一位名叫中本聪（Satoshi Nakamoto）的老先生发布了一份白皮书，概述了一种名为比特币（Bitcoin）的新电子支付系统。

白皮书中有两个吸引人的重点。

首先，这位老先生选择使用一个"外号"来发表论文，直到今天，他的真实身份仍然是个谜。其次，该论文引入了以前从未存在过的东西：一种不依赖于权威机构发行的数字货币。

随后在2009年1月3日，中本聪正式推出了比特币网络，并在位于芬兰赫尔辛基的一个小型服务器上创建了第一个区块——比特币的创世区块（Genesis Block），获得了系统自动产生的一笔50个比特币的奖励，由此第一个比特币问世。

由于当时处于金融危机时期，为了纪念比特币的诞生，中本聪将当天《泰晤士报》（*The Times*）头版标题——"The Times 03/Jan/2009，Chancellor on brink of second bailout for banks（2009年1月3日，财政大臣正处于实施第二轮银行紧急援助的边缘）"刻在了第一个区块上。

首页 / 块-0 / 交易 4a5e1e4baab89f3a32518a88c31bc87f618f76673e2cc77ab2127b7afdeda33b			
概要			
块高度	0	输入	0.00000000 BTC
确认数	635522	输出	50.00000000 BTC
出块时间	2009-01-04 02:15:05	Sigops	4
大小 (rawtx)	204 Bytes	矿工费	0.00000000 BTC
Virtual Size	204 Bytes		
Weight	816	其它区块浏览器	BLOCKCHAIR

输入 (0)	0.00000000 BTC	输出 (1)	50.00000000 BTC
Coinbase ◆◆EThe Times 03/Jan/2009 Chancellor on brink of second bai lout for banks		1A1zP1eP5QGefi2... (Genesis of B...)	50.00000000 >
			确认数 635,522

这句话是英国著名报纸《泰晤士报》当天的头版文章标题，引用这句话，不仅仅是对该区块产生时间的说明，也是中本聪向世界宣布比特币的去中心化金融技术是另一条货币的出路。

那么，比特币相比于其他货币究竟有什么不同呢？

首先，比特币不由任何一个中央银行机构发行，并且总数量仅有2100万个，这意味着比特币的货币总量恒定，它便具备一定的稀缺性，就好比限量版的玩具一样，全世界只有这么多。

其次，比特币是由计算机运算产生的货币，根本不可能造假。怎样理解呢？比特币并不是凭空产生的，它是通过计算机运行的一个程序，然后通过程序来规定产生的时间和数量，就像爸爸妈妈每天固定给你一定的零花钱一样。

最后，比特币的转账不需要第三方机构参与，前面我们提到现在的电子转账其实是银行在中间记账，并不是真的直接转钱，而比特币就可以做到直接支付或者直接转账。

　　简单来说，假如现在你要把某个东西交给你的小伙伴，你可以选择交给快递公司，但需要把物品拿给快递小哥，这就好比我们现在的电子转账（支付宝或者微信），需要一个中间机构来帮忙；而比特币就类似于你把这个东西亲自送到小伙伴家里，更加直接，甚至还会快一些。

　　所以，比特币给我们带来的启发是：原来我们还可以有更便捷的转账和支付方式，并且不需要那么麻烦的记账体系存在，也不需要那么多计算机来完成付款流程，效率大大提高了。

我们了解了比特币的诞生，现在一起来看看比特币究竟是如何产生和工作的。

首先我们来看一个大家熟悉的故事。小明是某小学的一位优秀学生，有一天，他们班的数学老师兴高采烈地抱着一箱巧克力走进教室。

这位数学老师向班里的40位同学宣布，今天这节课我要出几道奥数题，每道题给大家15分钟时间运算，而每道题第一位算出来的同学，老师会奖励他一盒巧克力。

顿时，小明心里乐滋滋的，因为数学是他的强项。随后，老师开始在黑板上抄写第一道奥数题……

题目抄写完后，同学们纷纷拿出草稿纸演算起来，教室里只有笔在纸上划动的"沙沙"声。

大概在第10分钟的时候，坐在小明后面的小刚突然举起手来说："老师，我算出来了！"

数学老师快速走向小刚，拿起草稿纸看了看，微笑着点头，随后走向讲台递

给他一盒巧克力，同学们纷纷投来羡慕的眼光……

于是老师在黑板上抄写了第二道题，这次小明如愿以偿地在第9分钟第一个得出了运算结果，并获得了奖励给他的一盒巧克力。

整堂课下来，共有5盒巧克力发出去，获得巧克力的同学都喜笑颜开。

而这个故事跟比特币有什么关系呢？

其实在整个比特币网络中，故事里同学们获得巧克力的过程，就像比特币的产生过程一样，而最早中本聪就设定了每10分钟会有一道"数学题"产生，而哪台计算机先算出来，就可以获得一定数量的比特币奖励。另外，这个比特币奖励从每10分钟50个开始，大概每4年这个奖励就减少一半，到现在每10分钟的奖励只有6.25个了。

当然，这一切都是中本聪这位"数学老师"设定的，没人可以更改规则，并且一共只有2100万个比特币，奖励完就没了。

而在比特币网络中负责"数学题"计算的电脑主人就是"矿工"，奖励的巧克力就是"比特币"，当然，实际的过程要比我描述的复杂些，但整体上比特币就是这样产生的，小读者们可要记住哦！

以下是《比特币白皮书》中关于比特币奖励的原文描述，有兴趣的小读者可以尝试读一读。

《比特币白皮书：一种点对点的电子现金系统》

我们约定如此：每个区块的第一笔交易进行特殊化处理，该交易产生一个由该区块创造者拥有的新的电子货币。这样就增加了节点支持该网络的激励，并在没有中央集权机构发行货币的情况下，提供了一种将电子货币分配到流通领域的一种方法。这种将一定数量新货币持续增添到货币系统中的方法，非常类似于耗费资源去挖掘金矿并将黄金注入流通领域。此时，CPU的时间和电力消耗就是消耗的资源。

如今距离比特币的诞生已经过去很多年，却仍然没有人知道或者真正找到这位创造比特币的老爷爷，似乎他已经在这个世界上消失，留下了这个具有开创性的货币，并且得到了越来越多人的关注。

最重要的是，由于比特币的产生，才有了我们本书重点要讲述的——区块链技术，因为比特币本身就是区块链的第一个应用，也因为比特币的发展，才有了今天对我们意义重大的区块链。

不过，我们学习和研究的是比特币背后的技术，而不是比特币本身，虽然比特币是一种新的货币形式，但它仅仅是一种网络商品。因为一些特殊原因，目前还不能随意买卖。

上一节我们了解了比特币是区块链的第一个应用，也初步学习了一些区块链的知识，但区块链究竟有什么用处，能带来多大影响力，可能小读者们还不清楚。我们先来讲一个故事，从而完整地了解区块链的特点和工作原理。

区块链是什么

在一个遥远的村子里，有一位德高望重的老村长，村子里发生了什么纠纷或者谁家被盗了，都会去找这位村长帮忙，因此大家都亲切地称村长为"老包青天"。

另外，村民们还有个习惯，就是如果谁家向另一家借了钱，都会去找老村长做公证，这样，借钱出去的人也不用担心被赖账，因为公道的村长会为大家主持正义。即使真的出现了借钱不还的情况，那么欠钱的村民不但会受到大家的批评，老村长还会带人去欠钱人家里要求其还钱。

就这样日积月累，老村长有了一本厚厚的账本，上面详细地记录了村民之间的财务来往，村长的作用也越来越大。

后来，大家索性把自己的一部分钱也交给村长保管，因为村民们担心放在自

己家里不安全，毕竟村长家的房子可是砌了很高很高的围墙的，比自己家安全许多。

渐渐地，老村长变成了大家的"保险柜"和"会计"，其实也就慢慢地变成了银行的角色。

就这样，老村长越来越受到大家的尊敬和照顾，因为大家的钱和村里的账本都在老村长那里，于是逢年过节大家都会给老村长送些鸡蛋或者自家栽种的水果蔬菜来表示感谢。

随着越来越多的人找老村长记账和存钱，老村长觉得有必要收取一定的手续费，于是找个村里的年轻人帮忙打理业务。

可是，这样过了几年，大家发觉老村长收取的记账费越来越高，并且取钱的速度越来越慢了，不知道是因为老村长年龄大了，还是越来越贪婪了。甚至有时候因为老村长生病，村民们都不能记账和取钱，于是有人开始抱怨……

直到有一天，当村长又因为生病耽误大家用钱和记账时，村民们忍不住聚在了村长家门口，叽叽喳喳商量起来，大家你一言我一语地说着自己的遭遇，有人说老村长年纪大了不适合管钱了，也有人说现在大家都把钱放在老村长家，万一丢了咋办，而且那个账本只有老村长有，如果账本丢了，就没人知道谁欠谁钱了。

大家讨论了一个多小时，最终有个年轻人提出了一个想法："我觉得以后我们可以这样——咱村不是有个大喇叭吗？要是以后出现了借钱或者需要记账的事，就在村里那个大喇叭里喊一声，然后我们每个人都在自己家里建立一个账本，把这个记录下来，这样相当于我们每个人都变成记账的了；另外，咱们的钱也可以找几个人来一起保管，存钱、取钱公开透明，全都在喇叭里吼一声，这样我们就不需要完全依靠老村长了，而老村长只需要帮我们照看下不让人乱用喇叭就好了。"

大家一听，都觉得这个方法似乎可行，不妨试一试。

后来，但凡哪个村民需要记一笔账，就去村口大喇叭喊一声，村民们听到后就在自家账本里写下来。这样每个人都变成了"村长"的角色，还不用担心账本丢了，也不用担心有人从中捣鬼，更不用担心小偷把村长的账本偷了，因为每家都有个账本，丢了一本也无所谓。

上面的故事里，每个村民家里的账本其实就是我们所说的区块链，上面记录了各种数据，而且每个人的账本的信息是一样的，这样整个村子里的账本加起来就形成了一个区块链网络，这能给我们带来什么好处呢？

第一个，也是最明显的，称为"去中心化"。我们回顾上面的故事，刚开始大家因为相信老村长而选择把账本和自己的财务都交给村长管理，但是后面因为

老村长的工作越来越多，效率也随之变慢了，于是大家想到了用大喇叭广播的形式，让大家一起参与记账。这种记账方式区别于村长记账的中心化记账方式，我们称之为"分布式记账"。

　　这个过程中相当于把村长的权力降低了，大家不需要完全依靠村长也能执行日常的操作。就好比你爸爸妈妈去买房子，最开始可能需要找中介机构，但是要是有熟人介绍，就可以绕过中介机构，直接买到心仪的房子，要知道这中间可是省去了不少中介费和烦琐的手续呢，这就是区块链所谓的去中心化，当然，我们更习惯称之为"去中介化"。

第二个好处我们称为"防篡改"。同样是上面的故事中，因为老村长一个人管理账本，对于村民来说，他们根本不知道老村长对账本有没有进行过修改，或者村长由于年纪大了而记错了数字。毕竟只要是有人参与的工作，总会有问题发生。

而区块链因为是计算机执行的程序，发生错误的概率极低，并且在没有得到其他人认可的情况下不可能修改事先设定的程序。就像村子里那么多账本，只改一本记录是没用的，因为其他人的账本都没有被修改。

最后一个，也是小读者们最容易理解的，我们称之为"可追溯"。什么意思呢？因为区块链的"账本"是所有人都可以看见的，并且无法被修改，那么我们就可以直观地看到之前发生的数字变化，比如张三借了李四100块钱，李四什么

时间还了这笔钱，都可以在账本上看到，并且一清二楚。

这样，如果真的发生了什么纠纷，我们只要打开账本，就可以看到过去发生的事，就像刻在石头上的印记一样，发生的修改在记录里都写得清清楚楚。

综合去中心化、不可篡改和可追溯的三个特性，任何一个基于区块链的网络都会非常安全。用一个通俗的比喻来说，区块链就好比在市中心修了一栋最高的大厦，在不发生巨大意外的情况下，永远不会倒塌（不可篡改），而且所有人都会知道是哪家建筑公司在什么时间盖好了大厦（可追溯），而这些不是谁说了

算，是大家共同见证的（去中心化）。

那么，现在我们再来看比特币，你们可能会更加理解比特币究竟有什么与众不同的地方。

因为去中心化，所以比特币的转账不依赖任何第三方机构就可以完成转账，效率提升了很多，也减少了中间成本；因为不可篡改，比特币的数量是固定的，任何人都不能修改这一数字；比特币的转账记录因为区块链的可追溯性，我们都能在"账本上"明明白白地查到每一笔转账的记录。

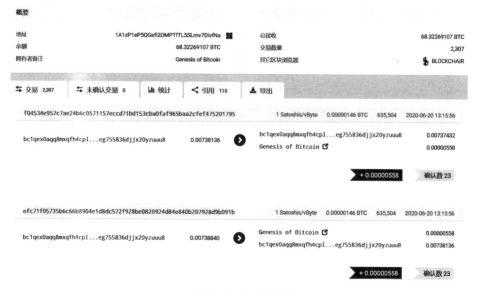

比特币账户的交易记录

　　所以，我们只要记住区块链这三个重要的特性，就可以明白区块链在什么场景下可以有什么样的应用了。

　　后面我们也会围绕这三个特性，让大家更清楚地了解到区块链的作用及应用，这样你才能给小伙伴举例讲解"区块链到底有什么用"。

也许你们会好奇，区块链既然听起来这么好，为什么隔了这么多年才发展起来？我们现在使用互联网不是挺好的吗？为什么还要发展一个新的东西呢？

首先我们要明确的是，区块链和互联网并不是敌对关系，而是你中有我，

四

区块链和互联网有什么不同

我中有你，准确地说，区块链是互联网的升级，如果说互联网是自行车的话，那么区块链就像是汽车。从专业角度来说，互联网是用来传递信息的，而区块链是用来传递价值的。

简单来说，互联网解决了信息的高效传递，所以我们才可以通过一部手机就能看到全世界的资讯，还可以足不出户地享受到网购的便利；但是区块链呢，就如前面我们讲的，它可以用来传递"货币"或者"信任"，完成类似转账的功能，并且不需要依赖中介机构。

那么，话说回来，区块链和互联网究竟还有什么区别？我们为什么需要区块链呢？

接下来，根据区块链的三个特性——去中心化、不可篡改和可追溯性，为大家详细解读区块链和互联网到底有什么不同。

首先是关于去中心化，这个应该是互联网和区块链最大的不同之处。现在你来回忆一下，以前是否见到过爸爸妈妈接到骚扰电话呢？你有想过为什么他们会接到这种电话，以及对方是怎么知道你爸妈的手机号码，甚至身份信息的呢？

这就要涉及互联网的工作原理了。其实我们在网络上的每一个动作，不管是搜索新闻，还是网络购物或者看视频，都是通过某个平台来完成的。比如看新闻，我们可能会用腾讯新闻、今日头条；网络购物可能会用淘宝、京东；看视频会用爱奇艺、优酷……

我们在享受这些平台提供给我们的便利时，也主动向平台提交了我们的信息，例如手机号码、家庭住址、名字等，然后这些信息会被平台存储在散落全国各地的服务中心。正常来说，我们将个人信息交给了平台，理应由他们来提供保密保护，确保我们的数据和信息不会被其他人知道。可随之而来的问题是，一些利欲熏心的人会利用自己的职务之便，将我们的个人资料和数据信息卖给其他人，从中谋取利益。

即使平台里没有内部人员搞鬼，还会有另一个问题，就是"黑客"，他们同样会为了利益而攻击这些存储信息的服务器，把数据和资料偷走，然后转卖给需要的人，例如卖房子的、卖车子的、卖保险的等。

所以，我们在享受着互联网发展带来的便利时，也因为我们使用的软件是中心化平台，给我们带来了信息泄露的困扰。

在2020年发布的《2020年消费者身份泄露报告》中描述了数据泄露造成的财务损失。2019年，超过50亿份记录被泄露，美国机构为此损失超过1.2万亿美元。再加上2018年损失的6540亿美元，数据泄露在两年的时间里，给各机构造成的损失高达1.8万亿美元。

由于数据泄露，一些科技公司的记录遭到破坏的数量最多。黑客入侵给科技行业造成了逾2500亿美元的损失，全年有逾13.7亿项记录被曝光，这些数据听起来多么可怕。

因此，我们迫切需要一个更安全的互联网环境，以及更安全的平台供我们使用。区块链的去中心化，意味着我们看新闻的网站、购物的平台和看视频的网站可以不用依赖于某个大公司（类似于前面故事中的老村长），而是基于区块链网络来实现。

最终，我们可以不用把数据存储在某个中心化平台上，也不用把数据提交给某个中心化平台，但同样可以享受到那些便捷的服务，这就是区块链相比互联网带给我们的最大的不同。

其次是不可篡改。

我们再来看几个场景：某平台数据被黑客篡改，造成上万人不能正常登录自己的账号；某银行行长收取费用后擅自修改客户信息，帮助其客户顺利完成贷款；一明星高考成绩不理想，托人修改加分项顺利进入大学……

这些新闻你们可能都多多少少看到过一些，这些事件真真切切地发生在我们每一个人身边，那些看似牢不可破的数据资料就这样被人为地修改了，甚至有的信息法律明确规定了不可以修改，但依然有人为了利益铤而走险。

就像放在老村长那里的账本一样，因为只有他拥有，他就可以随意修改数据。

而基于区块链开发的软件，是不能通过某个人或者机构去修改数据的，就像中本聪编写的程序中，比特币只有2100万个一样，没有人可以更改这个数字，这就是区块链另一个神奇的地方。

当然，并不是所有数据都不能修改，我们可以保留一些必要数据的修改权限，但与互联网不同的是，因为区块链还有个可追溯性的特点。

试想一下，从一沓白纸中我们抽出一张纸，然后用铅笔在这张白纸上写下"区块链"三个字，再用橡皮轻轻擦去，接着把这张写完字又擦掉的纸放回一沓白纸中，再将这沓白纸拿给你爸爸看，我想，他一定看不出来哪张纸写过字，而这个过程就像是互联网目前的状况一样。

如果换成区块链会怎样呢？

同样，我们从一沓白纸中拿出其中一张，但是这次我们换成了用圆珠笔来写"区块链"，写完后再用涂改液把这三个字抹掉，然后把这张纸混进那沓白纸中，你觉得这次你爸爸会发现吗？

我想，他一定会发现的，因为即使"区块链"这三个字不在纸上了，但涂改液的痕迹一眼就看出来了，而这正是区块链带来的效果。

所以，如果真的有人修改了网络上的某个数据，我们可以一眼就看出来，并且能精确地追查到是谁、在什么时候、进行了什么数据修改。这就是区块链"可追溯"的力量！

好了，最后我们来总结一下，区块链相较于互联网，可以为我们提供一个更安全、更开放、更隐私的网络环境。当然，一方面，我们要认真对待互联网的缺点，但也要肯定它的优点；另一方面，区块链并不是那么完美，只能说它恰好弥补了互联网的一些问题，所以才变得重要。

不过，基于区块链技术的购物平台、视频平台、新闻平台等还有一段路要走，因为它真的还像个孩子，需要我们给它时间成长。

小读者们不妨一起来畅想下，那时候的网络世界又会是怎样的呢？

区块链
漫画小剧场

『未来文明』，买它！

时空使者008号，安全着陆地球。

贩售时空秘室"未来文明"，只卖有缘人！

时空秘宝 未来文明 不段找零

围观

围观

我用些羊跟你换，怎么样？

咩~ 咩 咩 咩~ 咩

不换！不换！啊！别舔我！

咩 咩~ 咩 咩

我是商朝的使臣，我用这些贝币跟你交易，如何？

天然贝币是世界上最早的货币，出现于我国先秦时期。

对不起，路上堵车了，我买！可以用手机支付吗？

噢！年轻人，既然你代表了地球金融最先进……

等一下。

你好，我叫中本聪。

要看看我发明的"比特币"吗？

这是"区块链"机器人，比特币就在他的脑子里。

缓缓走来

区块链

电子支付并不是货币的最终形态，一种无须中心化机构记账的新的货币形态已经出现，其代表是中本聪创造的比特币。

电子货币和神秘比特币……好难选啊。要不你们比一下？

第一回合

跨国转账多久可以到账？手续费是多少？

子货币 VS 比特

3个工作日内，0.1%手续费！

信心满满

3个工作日内到账
0.1%手续费

转账

仅需0.1秒，0.002%手续费。

区块链特点之一：去中心化。省掉了手续费和烦琐的中间手续。

第二回合

你们是否能保证不会算错账？

这……偶尔也会有人工输入错误的情况……不过只是偶尔啦！

我会及时把数据分享给每一位客户，大家随时可以监督账目。

区块链特点二：不可篡改。由计算机执行程序，错误率极低，并且在没有得到其他人认可的情况下不可修改。

最后一个问题，万一真的算错了账，能追回丢失的钱吗？

第三回合

呃，这个这个……

满头大汗

当然，我的账本拥有防涂改功能。

完胜

区块链特点三：可追溯。任何一次操作都可精准定位时间、地点。

第二章

区块链的成长

区块链的历史

在上一章中，我们从货币开始说起，一直讲到了比特币，然后重点讲解了区块链是什么，以及它与互联网有什么不同，想必小读者们对区块链已经有了大致的认知。在本章中，我们将带着区块链的基础知识，一同走进区块链这个"大集体"，去看看区块链的历史，并认识一位对区块链发展至关重要的神秘人物。

前面我们提到了比特币和区块链的关系，小读者们还记得吗？让我们再一起回顾一下：比特币是区块链的第一个应用，而区块链是比特币的底层技术，因此两者关系非常紧密，你中有我，我中有你。那么，你们有没有好奇过一个问题：究竟是先有区块链，还是先有比特币的呢？

从时间轴来看，比特币是2009年诞生的，而区块链则是在2016年才缓缓进入大家视野的。当然，这里面少不了比特币的功劳，因为比特币的广泛普及，人们才发现了比特币背后的这项技术，也就是区块链。

因此大部分人会认为比特币是早于区块链诞生的，但事实真是如此吗？我们不妨一起回顾一下区块链的历史，也许你会发现一些秘密。

在讲区块链的历史之前，我们先来认识一位科学家——来自美国的博士 W. Scott Stornetta。对你们来说，他的名字可能有点难记，那我们就叫他斯科特吧。他是什么来历呢？

这位斯科特博士是密码学和分布计算领域的知名人物，后来被人们称为"区块链之父"。当你听到这个词，大概就会明白，其实是他发明了区块链。

区块链之父
W. Scott Stornetta

时间回到1989年，当时斯科特刚从斯坦福大学以物理学博士生的身份毕业，那时候他对计算机技术和互联网技术非常痴迷。当时的计算机技术正在迅速发展，所有文件都在慢慢由纸质版本革新成电子版本。

那时候的斯科特常常会思考一个问题：我们如何能确定手中的电子版本文件就是原始版本的呢？以及如何得知是否有人曾改动过电子版本的文件呢？

小读者们不妨想想，假如我们在电脑上打出了一段文字，然后把它发给你的同学，接着你的同学又把这段文字发给了其他人，那么最后大家会知道这段文字是你打的吗？除非你的同学们每次发给别人时都会附带一句，"这是×××用电脑打的文字"，否则，用不了几次转发，就没人知道文字的出处了。

尽管斯科特30年前就在思考这个问题，但是直到今天也没能很好地解决它。

相反，如果是书面文字，我们可以通过笔迹或者一些特殊标签来分辨出某个文件是谁写的，可如果用电脑打出来，就几乎分辨不出什么了。

那时候大家都把精力放在如何确保书面文档的准确性上，而没有人在意电子文档记录的准确性。

斯科特有先见之明地考虑到了这个问题，他预想到，未来我们将会生活在一个充满电子文档的世界，书面形式的文档最终会被科技淘汰，如果我们不去解决电子文档准确性的问题，我们就没有办法区别真实的记录和被篡改的记录。

后来，斯科特与一位名叫斯图尔特·哈伯（Stuart Haber）的实验室同事共同思考和解决这个棘手的问题，而作为资深密码学家的斯图尔特给斯科特提供了很多帮助。

斯图尔特给出了一个有趣的方案。他认为可以组建一个第三方信任机构，让他们来判断文件的归属以及是否发生过篡改。这听起来似乎会有效，但假如第三方信任机构篡改了记录，他们又该怎么办呢？

于是他们只好再寻找其他方式来解决这个问题。

幸运的是，他们最后发现了一个更有趣的问题——既然我们始终要去信任某个人或者机构来确保电子文档的准确性，那为什么不能去信任每一个人呢？也就是说，让世界上的每一个人都成为电子文档记录的见证者甚至是记录者。

可以说，这个想法完全是脑筋急转弯一般的存在，并且彻底颠覆了大家的认知。

于是他们开始设想去构建一个网络——让所有的数字记录在被创造的时候就传输到每一个用户那里，这样就没有人可以篡改记录，而这就是最早的区块链概念的诞生。

听起来是不是很有趣？像不像前面我们讲到的"账本和村长的故事"？既然不能信任某个人或者某个机构，那就让参与者共同来见证和保管账本。

简单来说，就是你在用电脑写文档的时候，所有人都能看到是你写的，即使

后面传给了无数个人，大家依然会知道这是你写的，这就叫区块链。

所以，小读者们，现在你们知道区块链是在什么时候，由谁创造的了吧？

后来，那位叫中本聪的老爷爷看到了斯科特和斯图尔特的论文，以此为出发点，从而创造出了比特币。

虽然区块链的概念在1990年左右就被提出来了，但正如我们前面所说，真正让区块链进入大家视野的是比特币的普及。

下面我们一起来看看区块链的发展历程吧。

1990年，斯科特与斯图尔特提出了用时间戳确保文件安全的协议。

1992年，斯科特等人提出椭圆曲线数字签名算法（一种很高级的加密过程）。

1998年，戴伟（Wei Dai）——知名的华裔密码学专家，中本聪发明比特币的时候，借鉴了很多他的设计，并和他有过多次的邮件交流。他于1998年发明了匿名的、分散式的电子现金系统B-money（比特币的原型）。

2005年，哈尔·芬尼（Hal Finney）——密码学领域的大师级人物，在比特币发明出来后，史上第一笔比特币交易就发生在他和中本聪之间。他于2005年提出可重复使用的工作量证明机制。也就是我们前面提到的因为算对了题，所以要奖励巧克力。

2009年，中本聪创造了比特币，由此开始了"区块链1.0"时代。

2013年，一位名叫维塔利克·布特林（Vitalik Buterin）的俄罗斯天才少年创立并发明了以太坊(Ethereum)，从而开启了区块链智能合约时代，也被称为"区块链2.0"。

2016年，随着比特币和以太坊的进一步普及，在区块链的圈子里诞生了更多与区块链相关的技术，行业迎来了蓬勃发展，越来越多的人开始了解并熟悉区块链。

2020年，区块链被越来越多的国家和企业列为重点研究的技术，区块链普及度进一步提高，重要性也越来越强。

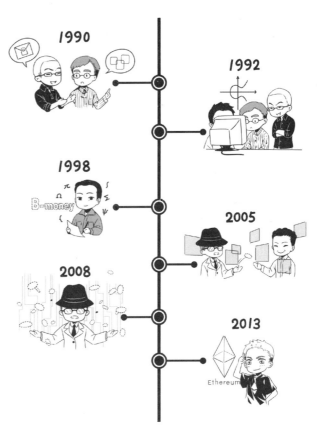

　　通过上面时间线索的梳理，小读者们应该可以清晰地看出来，区块链的发展并不是一蹴而就的，发展中充满各种坎坷，甚至早期还遭受了许多质疑，但好在现在终于被大家熟悉，而这就是时间和知识的力量。只要技术本身是好的，早晚都会被大家接受，毕竟"是金子总会发光的"。

　　当然，区块链的历史比我写的还要复杂一些，如果你们有更浓厚的兴趣，那就等你们再长大一些后，详细地去了解一下区块链的发展历程吧！我相信你们一定会觉得非常有趣，因为区块链本身就充满趣味性。

上一节我们在谈到区块链的历史时，提到了一个对于你们来说有些陌生的词——"智能合约"。其实正是因为智能合约的出现，才让区块链成功地从"1.0时代"迈入了"2.0时代"。

二 又一位天才少年的出现

怎么理解智能合约呢？

"合约"这个词小读者们都听过，它是一种约定，代表着双方就某件事情达成共识，从而签下合同，来对双方进行约束，就像房子的买卖合同、工作的劳动合同、租借东西的租赁合同等，可以说，合同在我们的生活中随处可见。

更简单一点来说，"合约"就像你和某个小朋友约定要出去玩一样，只要时间到了，约定自然生效，而所谓智能合约，指的是区别于传统意义上我们看到的纸质合同，它由计算机程序设定要求，然后按照约定自动执行。

1

为什么需要智能合约呢？

因为不是每个人都能够按照合同约定来执行，而这里的"智能"指的便是："满足条款，即自动生效。"所以，智能合约就像空调一样，只要我们打开开关，设定好温度，它就会自动把房间内的温度降下来。

那么智能合约是谁带入区块链的呢？

这里，我们要认识一位对区块链发展至关重要的一个人，在区块链行业，人们称为"V神"的计算机天才维塔利克·布特林，这位来自俄罗斯的少年将智能合约带入了区块链世界，由此拉开了区块链的新世界大门。

1999年，维塔利克5岁，父母离婚，他随父亲从莫斯科移民到加拿大的多伦多。因为对新环境的陌生，维塔利克把更多时间花在了离开俄罗斯前一年得到的那份礼物上——他人生中的第一台个人电脑。

5岁的维塔利克彻底迷上了名为电脑的"玩具"，并且在里面找到了自己的喜好，不过和其他小朋友不同的是，维塔利克不是用电脑来玩游戏，而是用微软的Excel软件撰写能自行计算的程序。

后来，维塔利克在小学三年级时被认定具有数学、程序设计方面的天赋，于是他被安排进了"天才儿童班"，学习数学、编程和经济学等科目。

作为维塔利克的父亲，他一直在引导维塔利克朝着自己喜欢的方向发展，为他买了很多关于电脑和编程的书籍，并且一直鼓励他、支持他。

当维塔利克12岁时，这位小天才已经可以用计算机语言编写程序，然后设计自己喜欢的游戏来玩了。

直到维塔利克17岁那年，父亲把他发现的一种神奇货币介绍给了维塔利克，而这神奇的货币就是比特币，不过，维塔利克刚开始对这种货币并不感兴趣，也不认为父亲兴奋地提及的加密货币有任何实际价值。

但随着维塔利克对比特币的研究越来越深入，他发现这个东西竟然如此神奇。比特币的设计，以及它"去中心化"的特点，彻底让维塔利克着迷，于是他开始思考怎样可以获得比特币。

当维塔利克对比特币的了解逐渐深入后，他开始为当时的《比特币周报》（*Bitcoin Weekly*）撰写文章，探讨比特币的未来发展和潜力。那时候他写的每篇文章都可以获得5个比特币作为稿费，按照当时比特币的价格，5个比特币的价值仅有4美元，维塔利克依然乐此不疲地给杂志投稿。

这第一份兼职，让维塔利克对比特币深深着迷，随后他还创办了《比特币杂志》（*Bitcoin Magazine*）并亲自撰文，慢慢奠定了他成为行业意见领袖的地位。

高中毕业后，维塔利克顺利考入了以"计算机科学"闻名的加拿大滑铁卢大学，入学仅8个月的他，毅然休学，选择全身心投入比特币和区块链的事业中。他首先加入了"区块链2.0"的研究中，希望能将比特币的功能扩展开来，而不仅仅局限于货币体系。

但最终维塔利克在"区块链2.0"的研究道路上遇到了较大的瓶颈。因为比特币的特殊性，他无法改变其属性，甚至不能在当前比特币的网络上做应用，于是

他想到了是否能够基于区块链特性重新开发出一种程序，既具备比特币的一些优点，又能够开发一些应用，这就有了"以太坊"的最初构想。

你们或许会有疑问，为什么比特币扩展难度很高。其实呀，这就好比在盖房子时，计划的是盖20层，但盖到第10层时又想要增加到25层，可是房子的地基只能承受20层。比特币的原始设计就是这样，无法修改它的"地基"。

不过，即便维塔利克在研究"区块链2.0"的道路上遇到了困难，仅20岁的他依然挤下了脸书（Facebook）创办人扎克伯格（Zuckerberg），获得了2014年世界科技奖。

随着声名鹊起，他在区块链圈子里越来越有名，因此在以太坊创办时期吸引了不少人才加入。

2015年6月，第一款以太坊发布，取名Frontier，来自全球各地的开发者们开始在以太坊上编织他们的梦想。这款以比特币为基础的全新程序，可以用来创建各种各样的应用，比如社交、交易、游戏等。

在随后的一两年中，以太坊有了智能合约的加入，让区块链有了质的飞跃。开发者们不仅可以享受到类似于比特币的功能，还能在此基础上搭建更多自己喜欢的应用。

不过，以太坊中的智能合约并不是由维塔利克发明的。最早智能合约的概念是在1994年由密码学家尼克·萨博（Nick Szabo）提出的，只不过我们的这位天才少年把智能合约真正加入区块链中，从而产生了奇妙的"化学反应"。

当我们回顾这位天才少年为什么会对比特币和区块链感兴趣时，其实还有另外一个故事。

前面我们提到维塔利克一直沉迷于计算机世界，但有一段时间，他也痴迷于电子游戏而无法自拔。

在维塔利克13岁到16岁时，极度沉迷于暴雪游戏《魔兽世界》，摇身一变成了一个网瘾少年，经常一玩游戏就是一整天。

直到有一次游戏版本更新后，取消了维塔利克最喜爱的一个游戏角色的技能——术士的"生命虹吸"，这使得维塔利克悲愤交加，并多次发邮件和在官方论坛里联系暴雪公司的工程师，要求他们还原这个技能，但是得到的回复都是"出于游戏平衡才取消的，不能恢复"。

愤怒的维塔利克对这种中心化组织主导一切的状况产生了不满。在互联网游戏里，一切都是由游戏制作商说了算，而玩家只能被动接受，或者被迫离开。所以，他选择了放弃《魔兽世界》这款游戏，重新回归了计算机技术的探索。

不过，正因为这段插曲，让维塔利克对某些中心化组织和机构产生了厌恶，所以当他发现比特币的"去中心化"时，便兴奋得不能自已。

大概每个少年都有一段"英雄往事"，而对于维塔利克来说，《魔兽世界》的游戏经历也成了后来让他迷上区块链的原因。

　　直到今天，维塔利克依然活跃在区块链发展的第一线，不管是在全世界推广以太坊，还是作为技术开发者，在区块链的技术上不断更新迭代，这位不到30岁的小伙子仍然对区块链充满热情。

上一节我们提到了将智能合约加入区块链的天才少年维塔利克，以及计算机科学家、加密大师尼克·萨博在1994年第一次提出了智能合约的概念。但是，你知道吗？最早的"智能合约"出现在两千年以前。

三 区块链与智能合约是如何成为好朋友的

智能合约最重要的特点就是：满足条件，就自动执行。当然，还有一个背景条件，就是智能合约是数字形式的。

如果抛开这种数字形式，早在公元1世纪，希腊就出现了智能合约的现实世界版本。一位名叫希罗的古罗马数学家发明了一种机器，在这种机器顶上有一个槽，人们可以把硬币投到这个槽上，机器在内部机械的作用下，就会分配一定量的圣水给投币者。而这种机器也是世界上第一台"自动售货机"。

希罗和他的"自动售货机"

现如今，我们生活中有许多类似"智能合约"的场景。比如，商场里的夹娃娃机、超市门口的摇摇机，又或者停车场门口的栏杆、小区门禁等，都是满足条件就可以自动执行的场景。

这么好用的概念，自然是许多人想去实现的，但是比特币在2009年被发明出来的时候，由于它本身代码上的局限性，并不能结合智能合约。直到天才少年维塔利克想出了解决办法，这才发明出带有智能合约功能的以太坊区块链。

那么，维塔利克是如何解决的呢？智能合约又是怎样结合到区块链上的呢？

我们回忆一下，比特币好比是在账本上记录的信息，它不可篡改的部分是账本，上面只能记录交易和一些简单的少量的信息。而维塔利克聪明地把这个账本用一个虚拟机替换了，这样不可篡改的就是这个虚拟机的内容了。

那么什么是虚拟机呢？可以简单地理解为它就是一个Windows的操作系统，既然是操作系统，那自然可以在系统里进行编程，并制造出许多软件应用。

通过这样的方式，就可以把智能合约与区块链结合了，最终的结果是，以太坊成为目前最大的一个区块链应用平台。

开发者们可以利用以太坊编写智能合约的功能，设计出自己想要的智能合约模块，甚至能很方便地发行一种自己想要的加密货币。这种新功能一下子打开了开发者们的思路，纷纷开发出了适合自己的智能合约和应用。

智能合约结合区块链后，会有怎样的应用？又会如何融入我们的生活中呢？

我在这里给大家举几个例子，方便小读者们更直观地理解。

比如投票选举。

如果在网上进行的话，会有人担心这个投票的软件会不会被软件公司做了手脚，软件公司会不会修改信息，又或者软件被黑客篡改数据。这些都令人十分没有安全感。如果投票部分的程序用结合了区块链的智能合约的形式来做的话，一方面，可以把软件的代码公开，让所有人检查代码，证明软件是没有被动过手脚的；另一方面，由于这部分代码是放在区块链上的，不可篡改，自然也不用担心软件被黑客攻击。

比如保险。

保险中合同履约可以说是比较经典的案例，一旦发生意外，保险公司就需要进行相应的赔付。如果用区块链来实现，就可以直接在线上完成全部的赔付流程。

比如遗产分配。

爷爷的遗产通过结合了区块链的智能合约，可以做到在每年孙子生日的时候，就从遗产里分配一笔钱交给孙子，而这个规定没有谁能随意更改。

比如合理分配利益。

几个人一组共同做一项任务，根据每个人要做的工作，可以提前约定好每个人利益分配的比例是多少，并用智能合约执行这个分配比例。当开始共同做任务后，所获得的利益转到智能合约上时，智能合约就会自动把每个人应该分得的钱分配出去。这样一来，就有效防止了在事后分配利益时，不按照最开始约定的方式进行。

比如合同交割。

一家企业负责提供钢材给另一家加工企业，但是经常会遇到加工企业在收到货后，不立马给钱，而是拖很多天的情况。如果这一切用智能合约来进行，货一到，物流信息一旦上传到智能合约，智能合约就会自动把钱转过去。

比如，专款专用，也就是规定专门的钱有专门的用途。

当父母给你一笔钱，希望你用这笔钱去买书，而不想让你拿去买零食玩具时，他们就可以设定一个智能合约，这笔钱只有在书店才能支付。往更大的方向来说，国家专款专用到城市建设，或者扶贫养老方面的，可以用智能合约的方式来负责其中钱款的走向，不让任何贪官有机会挪用这笔款项。

再比如，父母与你约定，考到100分奖励100元，考到90分以上奖励50元。一旦设定为智能合约，当成绩录入系统，父母接收到成绩的时候，这个智能合约就自动执行，给予相应的奖励。再也不需要用"拉钩上吊，一百年不许变"来约束了，而且设定好了，父母也改不了这个规则。

刚刚讲的这些智能合约的应用，其实实现的难度并不大，甚至有一些区块链项目已经开始往这个方向摸索了。

那么，我们再把眼光放长远一些，未来区块链与智能合约会有怎样的前景呢？

不知道小读者们是否看过施瓦辛格主演的系列电影《终结者》，里面就有机器人从未来回到现代来保护人类。虽然这只是电影的内容，未来的机器人可能还做不到像电影里那样智能，但是我们肯定不希望未来买到的机器人的程序被黑客篡改或者被别有用心的人暗中利用，如果用区块链结合智能合约，就能够避免这些问题。既能让机器人执行一些任务，又能保证它不被操控和篡改，是真正属于购买者的智能电子产品。

有了智能合约与区块链这对好搭档，再加上未来设计先进的机器人，完全可以代替绝大多数没有技术含量的、重复劳动的岗位。这样，我们人类就可以去做更多有创造性的工作。所以说，智能合约在未来是可以改变人类的生活格局的。

未来，除了机器人以外，我们生活中处处充满智能化的电器，并且所有物品都处于万物互联的状态。到那时，我们的财产既有现实中看得见摸得着的财物，也有虚拟世界中的数字资产，对于这些，我们就需要通过区块链和智能合约，防

止篡改行为，让我们未来能安心地在高度电子化、联网化的环境中生活。

既然区块链和智能合约这么好，又有这么多用处，那我们又该如何发展区块链呢？

2019年10月24日，中央政治局第十八次集体学习上提出："区块链技术的集成应用在新的技术革新和产业变革中起着重要作用。我们要把区块链作为核心技术自主创新的重要突破口，明确主攻方向，加大投入力度，着力攻克一批关键核心技术，加快推动区块链技术和产业创新发展。"

会议上着重强调了两个重点：

"第一，全球主要国家都在加快布局区块链技术发展，我国在区块链领域拥有良好基础，要加快推动区块链技术和产业创新发展，积极推进区块链和经济社会融合发展。要强化基础研究，提升原始创新能力，努力让我国在区块链这个新兴领域走在理论最前沿、占据创新制高点、取得产业新优势。"

这一点怎么理解呢？

这说明，区块链是一项很重要的新技术，能够带来巨大的变革，它就像一个

加速器一样，能够让国家和社会经济的发展速度加快一大截，对于我们来说，这是需要重点学习和掌握的技术。

而目前从全球各国的角度来看，对于区块链技术的掌握，还没有谁是一家独大，因此，现在还处于一种各个国家都在竞相研究区块链的状态，都想要摸索出区块链的一套标准，从而在国际上拥有话语权。

就好比区块链是一本极品的武功秘籍，谁能得到它，谁就能练成绝世武功，并能当上武林盟主，一旦当上武林盟主，就能够制定江湖规矩了。这其实就是各个国家想要的，如果谁能掌握区块链技术，并设计出一套国际通用的技术标准，谁就能够获得不可估量的效益。

"第二，要抓住区块链技术融合、功能拓展、产业细分的契机，发挥区块链在促进数据共享、优化业务流程、降低运营成本、提升协同效率、建设可信体系等方面的作用。要推动区块链和实体经济深度融合，解决中小企业贷款融资难、银行风控难、部门监管难等问题。"

"相关部门及其负责领导同志要注意区块链技术发展现状和趋势，提高运用和管理区块链技术能力，使区块链技术在建设网络强国、发展数字经济、助力经济社会发展等方面发挥更大作用。"

这里的意思是，区块链在实体经济和政务方面能够降低成本，提高效率，简称"降本增效"。

那么这个降本增效是怎么做到的呢？

我们先假设一个场景，比如你想租用学校的篮球场地，你去问学校的体育老师，体育老师告诉你得去找年级教导主任要一份证明，证明你要来租场地。于是，你去找教导主任，但是教导主任告诉你，你得先去找你们班主任，让他写个情况说明，并做个担保。于是你又不得不去找你的班主任。

如此一来，你先去找到班主任，拿到了情况说明，再拿上情况说明，去找到年级教导主任，然后拿到了证明，找到体育老师，最终他才同意你租场地。整个过程有三个步骤，并且需要两份文件，非常麻烦。

如果结合区块链后会怎样呢？我们可以直接在网上联系班主任和教导主任，通过电子文档的方式，在网上从班主任那里拿到情况说明，再把情况说明在网上发给教导主任看，然后在网上获得教导主任的证明，这样就可以直接去找体育老师了，这样是不是就会快很多？

但是为什么现实生活中不能这样做呢？那是因为电子文档可以被篡改，所以我们现实生活中只认可纸质的文件，以及当事人签字。

如果用到了区块链技术，一方面可以保证放上去的文件不可篡改；另一方面能够让流程里的各个人或者部门实时地共享数据。也就是说，如果利用一个区块链系统，并且体育老师、年级教导主任、班主任和你都在用这个系统，你直接在系统内说明情况，等待班主任和教导主任确认，体育老师看到了确认说明后，就

可以租给你场地了。整个流程都在网上完成，方便又快捷。

这样，从原本的三个人、两份纸质文档，变成了只需一个网上流程，不需要任何纸质文档，也不需要去现场找人。

这就体现了降本增效，极大地减少了中间的时间成本、人力成本，大幅提高效率。

在现实生活中，运用的场景就更多了。工作中的人们，每天都会经历跟其他人、其他部门、其他公司打交道，大家其实对于传递的信息是不信任的，于是不得不设置非常多的流程和确认文件，来保证传递的信息正确并且可以信任，而这部分的成本就叫作信任成本。区块链带来的降本增效的特点，就是减少这个信任成本。

那么这个降本增效对企业又有多大的效果呢？

我们来算一笔账，假设一个企业一个月的营业收入是110万元，但是成本有100万元，那这个企业的纯收入就是一个月10万元，一年120万元。如果用区块链降低成本，增加效率后，可以使得成本降低10%，会得到什么呢？成本就会变为90万元，纯收入就是每个月20万元，一年240万元。所以仅仅只是降低10%的成本，收入就增加了一倍，这就是降低成本带来的巨大效益。

而实际上，每个企业通过降本增效带来的成本降低的百分比是不一样的，比如我国某个跨国航运公司，利用区块链和其他新技术结合，居然能做到降低40%的成本。

所以，对于所有企业来讲，都需要用区块链来改造一下现有的流程，减少信任成本，也能带来新的经济增长。

对于政府机关来说，在处理许多政务的时候，也是能降本增效的。并且，区块链还多了一个更好的应用——穿透式监管。

对于监管者来说，各类管理部门需要对企业的生产、加工、建设等方面进行全面监管，但是以往的监管方式只是让企业方提交一些材料，抽样送检，十分被动。

在利用区块链后，可以把整个产业内所有的企业和政府监管部门放在一个区块链系统中，企业的信息实时地传递给监管部门，并且数据不可篡改，那么监管部门就能及时地监控企业的生产、加工、建设过程了，做到安全生产、安全建设。

综上所述，区块链的意义重大，对外来说，是必须要竞争到制高点的新兴技术，可以提高我国在国际上的话语权；对内来说，能够改进各个产业和企业的流程，达到降本增效的目的。另外，还能够提高管理部门对各企业监管的效率，同时保证生产的安全性和效率性。

刚刚只是感受到了区块链在降本增效方面的一部分作用，那么区块链具体是如何影响我们生活中方方面面的呢？

区块链
漫画小剧场

互联网小镇的苹果失窃案

1989年，"互联网小镇"的居民以苹果作为流通货币，但苹果不易保存，镇上只有一台大冰箱，所以居民们都在大冰箱里租一个格子存放自己的苹果。

然而今晚将是不平静的……

囡囡存好了吗？这次奶奶又给你几个苹果呀？

这是秘密，妈妈。

嘿嘿嘿，秘密！

鬼祟

你是我的~小呀小苹果~

啦啦啦~好多小苹果~

互联网发展早期，电子文档记录的准确性并不被重视，这导致用户无法区别真实记录是否被篡改。

第二天

长官！不好了！大冰箱里的苹果被偷了！

什么？！斯科特、斯图尔特，你俩马上给我去查，是哪个混蛋干的！

POLICE

是！长官！

斯科特　　斯图尔特

你们负责24小时看守大冰箱，保护苹果！不能让犯人再次得逞！

小镇护卫队

保护苹果！

谁知道偷苹果的人是不是护卫队里的啊？

议论纷纷

对啊！万一是监守自盗。

大家不要急！

斯科特、斯图尔特，你们从哪里推来的婴儿车？

HI

密码学家斯科特和斯图尔特开始设想构建一个网络，让所有数字被创造的时候就传输到每一个用户那里，那样就没人可以篡改记录，这就是最早的区块链概念。

这是我创造的区块链机器人，它叫"区宝宝"。

和人类不同，它是绝不会撒谎的。一旦发现盗贼，就会马上公布让大家知道。

Ba Ba——

抱起

斯科特是区宝宝的爸爸，我就是区宝宝的干爸。

太阳下山

嘿嘿嘿~
小苹果，我又来了~

咔嚓！

拍照

惊

啊！！！
谁？！

号外！号外！
苹果大盗终于落网！

苹果大盗终于落网

区块链因为其公开、安全的特性，被应用到电子支付领域。知名华裔密码学专家 Wei Dai（戴伟），于1998年发明了匿名的、分散式的电子现金系统B-money（比特币的最早原型）。

埋单，这是B-money，这可比苹果方便好用多了。

中本聪

戴伟

眨眼

交给你了，这是比特币。

2008年，中本聪创造了比特币，由此开始了"区块链1.0"时代。

一位俄罗斯天才少年维塔利克·布特林于2013年发明并创立了以太坊，从而开启了区块链智能合约时代，也被称为"区块链2.0"。

小区厉害啊！再来一局！

Ethereum

维塔利克

智能合约即由计算机程序设定要求，然后按照约定自动执行。随着比特币和以太坊的进一步普及，越来越多的人开始了解并熟悉区块链。

嘟嘟

区块链

我们区区来啦！越来越帅了呢！

快来让阿姨抱抱~

谢谢，不了，下次。

乔装

现在我的烦恼就是——太红了！

吹气

2020年，区块链被越来越多的国家和企业列为重点研究技术，区块链普及度进一步提高，重要性也越来越强。

第三章

区块链的作用

区块链怎样让我们买玩具更方便

在上一章，小读者们已经了解了区块链的发展历史，那区块链对于我们的生活，又有什么影响呢？

小杰有幸认识了来中国旅游的英国小朋友吉恩，因为父亲经常来中国出差，吉恩从小就学习了汉语，两人相谈甚欢，并且因为都喜欢奥特曼而快速成了好朋友。

某天晚上，回到英国的吉恩联系了小杰，他说在三天后，一家玩具店要出售限量版的奥特曼模型，一千元左右，问小杰要不要买。

小杰当然很想要。于是他决定第二天一大早就去给吉恩汇款，让吉恩帮他买下模型。问吉恩要了银行卡账号后，第二天银行刚开门，小杰就冲了进去。

在询问了银行的工作人员后，小杰才了解到整个过程非常复杂。

小杰原以为，只要通过他开设账户的A银行直接转钱到吉恩所提供的B银行，就完成汇款了。然而，实际的情况是，由于A银行和B银行没有直接的业务往来，无法做到直接转账，还需要找一些中间银行过渡一下。

比如找一个既跟A银行有业务往来，又跟B银行有业务往来的C银行，作为中间银行转接一下，这样就可以把钱先转给C银行，再转给B银行了。但是，也有可能找不到C银行这样的中间银行，于是需要转接更多的中间银行，比如通过A银行先转给D银行，再转给E银行，最后转给B银行。

而在实际的操作中，由于中间银行的存在，转账时间无法确定。比如小杰这笔钱，从A银行转到D银行，两个银行需要花时间和人力来记录各自的账本上钱数的变化，并且移交资金，这个步骤叫作清算。

接下来，D银行会与另一个中间银行E银行进行清算，最后是E银行与B银行清算。每一次清算都要花费非常多的时间，同时需要一定的手续费。所以，最终的结果是，小杰给吉恩的钱，到底多少天能到B银行这个不清楚，中间要扣多少手续费也不太清楚，而且经过的中间银行越多，花的时间和扣掉的手续费也就越多。

一般来说，正常情况下普通的国际汇款到账时间是3~5个工作日，并且汇款的时候必须是在白天银行的上班时间。费用方面，会产生两笔费用，不同的银行收费标准也不一样。一笔是手续费，几十元到几百元不等；另一笔是电报费，也是几十元到几百元不等。

对于小杰来说，除了准备买模型的一千元钱，还得多准备一百元左右的汇款费用。而且这笔钱通过银行寄过去，也不知道赶不赶得上模型开卖的那一天，但小杰还是选择通过银行汇钱过去试一试。

尽管模型开卖的日子到了，但很遗憾，小杰汇过去的钱没有及时到账，当天晚上小杰跟吉恩在网上聊天的时候，吉恩隔着网络都能感受到小杰的失望与郁闷。

不过，吉恩给了小杰一个惊喜。原来，吉恩也担心钱不能按时汇过来，于是做了另一手准备，他找爸妈先借了一笔钱，帮小杰买到了模型，等到小杰的汇款到了，再还给爸妈。虚惊一场，小杰一直悬着的心终于可以放下来了。

像小杰这样，我们每次跨国汇款的时候，都要花费很长时间及高昂的汇款费用。明明我们已经进入互联网时代了，网络这么发达，汇款难道不应该跟发个消息一样轻松、快速吗？从中国到英国，坐飞机都到了，怎么汇款比坐飞机还慢呢？

其实根本的原因在于各个银行不是用一套系统来记账的，这样就会需要中间银行，并且清算的过程会需要耗费大量的时间和人力，这就增加了费用。那么，如果各个银行都是在一套系统上记账，会有怎样的结果呢？

比如小杰跟吉恩的账户都在这个系统上，那转账会变得非常迅速，而且没有中间环节，甚至几乎不会产生任何费用。

那么为什么各个银行不这样做呢？

这里有个问题是，谁的系统可以成为标准。如果A银行对其他银行说，大家都用我这套系统，那其他银行就不愿意，因为A银行掌控着这套系统，其他银行会担心其中有什么隐患；同样，B银行说用它的系统，那其他银行也不愿意，道理一样。

于是，只有选择找第三方来成立一个清算系统，但是这个第三方也需要与各个银行再进行一次清算，依旧需要花费大量时间和成本。

如今，有了区块链技术，这样的难题似乎可以迎刃而解。

要知道，区块链最擅长解决多方协作的问题了。如果所有银行都用一套区块链的转账系统，这个系统没有一个中心化的角色可以随意操控，就可以彻底打消参与银行担心系统被中心化控制的顾虑。

同时，由于大家用的是一样的账本，那么转账就只需要简单地记录谁转了多少钱给谁，大大地节省了转账时间，也省去了多余的费用。

2018年6月25日，蚂蚁金服宣布全球首个基于区块链的电子钱包跨境汇款服务在香港上线，在香港工作22年的菲律宾人格蕾丝在发布会现场完成了第一笔蚂蚁金服区块链跨境汇款。与日常用支付宝转账一样仅用了几秒钟，格蕾丝在菲律宾的家人便收到了她的汇款。

下面的一张图可以帮大家更好地理解区块链跨境汇款的原理，以及区块链跨境汇款的优势。

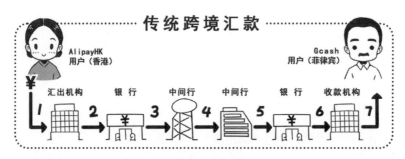

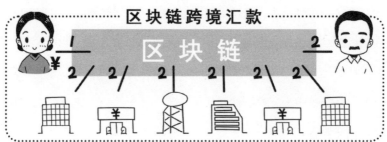

传统跨境汇款与区块链跨境汇款的区别

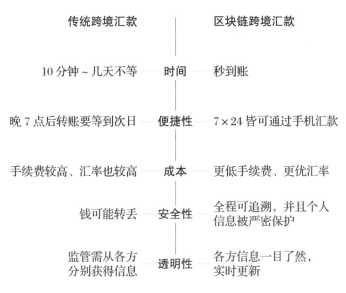

传统跨境汇款		区块链跨境汇款
10 分钟 ~ 几天不等	时间	秒到账
晚 7 点后转账要等到次日	便捷性	7×24 皆可通过手机汇款
手续费较高、汇率也较高	成本	更低手续费、更优汇率
钱可能转丢	安全性	全程可追溯，并且个人信息被严密保护
监管需从各方分别获得信息	透明性	各方信息一目了然，实时更新

区块链跨境汇款的优势

蚂蚁金服区块链跨境汇款通过区块链的形式进行，在确认汇款的时候，所有的参与方都能够得到消息，将原有的串联方式改进为并行处理方式，将处理速度缩短到了三秒钟。

所以，当小杰再遇到这种情况时，就可以直接通过基于区块链技术的跨国汇款系统第一时间把钱汇出去，就能够顺利买到自己喜欢的玩具啦！

其实这个关于跨境转账的应用很好地体现了比特币的优势，不愧是区块链的第一个应用，意义非凡。

二

区块链怎样让我们查到西瓜来自哪里

小读者们，你们吃水果的时候，是否有留意到，同一种水果其实也分为味道好的和味道不好的？再稍微留心一下，就会从爸爸妈妈那里听到过，某个地方产的橘子酸甜可口，某个地方产的樱桃又大又甜，或者某个品牌的苹果特别好吃，而我们往往就会选择购买这些地方产的水果来吃。

小明同学的爸爸在买水果的时候遇到了这样一件事——

夏季天气炎热，小明爸爸本想买某个知名产地的西瓜给家里人解解馋、降降暑，听说那里产的西瓜个头大，汁水多，味道还特别甜。等他兴高采烈地把西瓜买回家之后，大家尝了几口后，发现这西瓜味道淡如水，一家人大失所望。小明爸爸就怀疑买到"假货"了。

而小明同学的邻居小红，她的妈妈最近也遇到烦心事儿。

她最近网购了一款护肤品，用了没几天，皮肤居然长了很多小疙瘩。她本以为是自己最近熬夜导致的，看了皮肤科医生才知道，是护肤品引起的过敏症状。

几经周折，在医生的治疗下，皮肤才慢慢恢复了。

看着导致自己过敏的护肤品，小红妈妈越想越生气，于是去找护肤品的官方机构讨个说法，不去不知道，一去才发现自己从网上购买的产品竟然是假货。

这样的例子数不胜数，防不胜防。网络的便捷也给一些不法分子带来了发财机会，他们将劣质产品重新包装，以次充好，伪装成知名产品卖出更高的价格，获取利润。

当我们用付出努力赚来的工资购买一个心心念念想买很久的东西，却发现买到的是假货时，那种体验一定非常糟糕，而假货带来的影响不仅仅是财产损失，更让我们的心情异常郁闷，甚至会给一些知名品牌带来名誉损失。

由于假货的存在，原本生产这个产品的商家就会被影响销量，商家赚的钱就会变少，甚至可能导致部分商家亏损，而不再生产这个产品了。于是，整个市面上假货的数量就会越来越多……

一些生产假货的商家，因为赚到了钱，继续扩大规模，挤走了生产质优产品的正规商家，这种现象称为"劣币驱逐良币"，而这样的现象正越来越普遍。

所以，为了防止这样的现象发生，我国制定了《中华人民共和国消费者权益保护法》，对卖假货或者假冒他人品牌的行为进行约束和处罚。另外，我们在每年3月15日国际消费者权益日，还会举办"3·15"晚会，专门揭露制造假冒伪劣的商家和品牌。

即便是这样，造假带来的巨大利益诱惑还是让很多不法分子铤而走险。

今天，全球各国之间的贸易和通信越来越便捷，这也使得一些犯罪分子能做到跨国造假，难以被追踪。

比如犯罪分子躲在东南亚的小国家，闭门造假货，再将假货销往发达国家。这就很难被发现，也很难让当地警方来抓捕他们。

另外，科技的进步也让犯罪分子有了更高效的制假能力。

比如近年来很火的3D打印技术，它能够以非常低的成本和非常高的精度来制造假冒商品。又比如，互联网催生出许许多多的网上购物平台，这让犯罪分子的销路大开，也是近年来网上商品假货不断的原因之一。

据统计，每年全球假货给品牌方和商家带来的损失超过万亿人民币。如此猖獗的犯罪分子，难道就没有办法制止他们吗？

答案肯定是有的。有造假，就会有防伪溯源——也就是防止伪劣假冒，追溯产品的源头。商家为了维护自身利益，也想尽各种办法来向消费者证明，保证他们买到的产品就是正品。

那现在的商家一般是怎么做防伪溯源的呢？

如果你稍微留意一下身边的事物，就会发现在电器上、零食包装上，或者服装标签上等，会有以下各种各样的防伪标识。

商家一般会在产品包装上贴上这些防伪标识，消费者买到产品后，可以刮开涂层，获得一串密码，然后通过拨打电话、发短信、登录指定网站，或者以扫描二维码、条形码的方式，用涂层内的密码来验证自己买到的产品是不是正品。

这些方式，对于消费者来说，操作简单，很快就能知道自己购买的产品是真是假了；对于商家来说，实施起来也不复杂，而且成本很低。

但是，这种看起来很不错的方法，也有一些问题。

①防伪标签上的信息不是唯一的，一些不法分子仍然可以通过模仿标签或者回收标签等方式进行造假。

②防伪标签的信息，一般是由厂家自己制作和存储的，或者由专门做防伪标签的公司来制作存储，这些信息很有可能被黑客窃取或者篡改，使得防伪作用失效。比如某公司的防伪码被黑客窃取了，黑客再将这些信息卖给造假人员。

③还有一种情况，是厂家为了自身的利益，偷偷修改一些防伪数据。这就会出现厂家自己修改产品的批次和生产日期，以次充好的情况。

那么有没有什么技术可以解决这些问题呢？

没错，区块链技术就能解决以上问题。

一个产品从最初的生产到我们买到它，一般要经历七个大的角色，分别是原材料生产厂家、成品加工厂家、运输公司、仓储公司、零售公司、消费者和政府监管部门。通过区块链技术，我们可以做到在各个环节输入一次数据，并且共同存储在各个公司中，同时，这个数据非常详细，有助于追踪整个产品的流程。

我们以奶粉为例。首先是原材料——牛奶的厂家，将牛奶经过杀菌加工处理，灌装出厂后，生产厂家会将这批牛奶的具体信息上传到区块链网络中。信息详细记录了在×月×日，操作员阿花将牛奶从哪几头奶牛上挤出来，然后对牛奶加工处理后，当天把牛奶装罐运往成品加工厂家。老王作为当天的负责人，监督了整个过程。也就是说，信息会包括这批牛奶是在什么时间出厂的，谁负责整个生产过程，谁是具体操作人，这批牛奶是由哪些牛提供的（没错，每一头牛都会有对应的编号），即时间、人物和事件。

依此类推，在成品加工厂家、运输公司、仓储公司、零售公司和监管部门那里都会记录对应的产品信息，包括接收的时间点和转出的时间点，谁是负责人，谁是操作人，产品的编号及检验信息。

最终消费者准备买这个奶粉的时候，只需拿起手机，扫描奶粉罐上的二维码，就可以追溯源头，知道这罐奶粉都经历了什么"奇遇"。

再回头看看之前关于防伪追溯的三个问题：

①由于区块链能记录产品的整个生产流程，还包括产品经过的具体地点，当然也包括这款产品最终会是在哪家店上架销售。比如，我们扫描奶粉后发现，这个奶粉最终是在北京市朝阳区望京街道的××超市销售，那么想要造假的人就很

难把假货卖到正确的地点。

②也许有的小读者会有疑问，如果造假的人把记录的信息篡改了呢？让防伪标签显示的地点跟假货的地点是一样的呢？别忘了，这些生产信息都是记录在区块链上的，也同时存储在生产厂家、成品加工公司、运输公司、仓储公司、零售公司、政府监管部门等地方，是无法篡改的。所以，这就有效避免了防伪信息被盗的问题。

③再来说说厂家自己篡改信息的隐患。如果厂家想要在原有的产品信息上再次修改，那是不可能的，放在区块链上的信息是不可篡改的，只能在原有的信息基础之上增加一条修改的信息。这种情况下，大家就会知道原有的信息是什么，以及新增的修改信息是什么了，而且生产信息一旦上传到区块链网络，就共享给政府监管部门了。所以，除非是真的弄错了，需要增加一条修改信息，否则，厂家是不敢随便篡改记录的。

这样就解决了防伪溯源的问题。

今天，区块链技术在防伪溯源上运用得如何了呢？

目前我们非常熟悉的一些大企业，比如阿里巴巴、京东、苏宁、沃尔玛等大型公司，都已经开始运用区块链技术，对许多商品进行防伪溯源。其中直接影响我们健康的医药，还有食品，都是最优先做溯源的，其次是影响我们日常生活的服装、日用品等，然后是比较贵重的艺术品、奢侈品等。

相信再过不久，所有的商品都会有基于区块链技术的防伪标识，区块链技术让假货无所遁形，可以预见，我们的未来将生活在一个只有正品的世界。

区块链如何保护写故事的老爷爷

从小到大，老师和父母一直教导我们，偷东西是不对的，但是有些人误以为，这仅仅是指不能偷他人的财产和物品。

其实远不止如此，财产和物品都是我们劳动所得，但有一些是我们脑力劳动的智慧结晶，也是不能偷的。

比如我正在写一部小说，写好了初稿，发给朋友看看，想听取一些建议，朋友觉得我小说写得不错，但是他在没经过我同意的情况下，偷偷地把我的小说进行复制，并印刷售卖。这样我的脑力劳动成果就被朋友偷走了，他因此赚了一大笔钱。

实际上，我写的小说也就是我的智力成果，本来可以为我带来丰厚的收益，现在全没了。

如果大家都随意窃取他人的智力成果，那世界上就没有人愿意进行创作了。

所以，为了防止这种抄袭窃取他人智力成果的现象发生，各国都制定了相应的法律，而我国则是制定了《中华人民共和国著作权法》，将我们自己原创的智力成果归为著作权来保护。

那么小读者，你们觉得除了写出来的书籍以外，还有哪些属于著作权呢？

其实属于他人的著作产品，在我们生活中比比皆是。比如我们听到的音乐，背后就有歌手、作曲家、演奏家的辛勤付出；又比如我们看的电影，就有众多演员、幕后人员、导演、编剧等的努力耕耘；甚至我们使用的每一个软件都是很多技术人员花了很长时间开发出来的产品，也是著作。

总的来说，著作权的对象几乎囊括了我们所熟悉的大多数脑力劳动产品，包括文字、音乐、舞蹈、美术、摄影、电影、产品设计图、计算机软件等。

有了著作权保护法，才能保障作家、艺术家、设计师、科学家们的权益，他们才敢放心大胆地去创造一个个经典的作品或设计出一个个极具创新的产品。

在我国，不管作品是否发表，作者都享有著作权。

既然有法律保护我们的创作，我们是不是就可以高枕无忧了呢？

事实并非如此，小刚最近就遇到一件事，这件事让他明白了保护著作权背后的艰辛。

小刚家的院里有一个特别会讲故事的老爷爷，大家都喜欢叫他钟爷爷，最近，小刚看到钟爷爷心情特别好，于是问他到底发生了什么事。

钟爷爷兴奋地说起了事情的由来。原来，钟爷爷讲的很多故事，都是他自己创作出来的。本来他只是将故事分享给院子里的小朋友们。某一天，其中一个小朋友的爸爸知道了钟爷爷的情况后，就建议钟爷爷把故事写成书出版，这样可以分享给更多的小朋友，还可以获得一笔不错的收益。

最开始钟爷爷委婉地拒绝了他，毕竟在他看来，这些故事都是自己胡乱编的，根本拿不出手。但是很多人都鼓励他，这么多小朋友每天都跑来听他讲故事，就可以看出他的故事是非常有吸引力的，完全可以尝试。钟爷爷考虑再三，最终欣然接受了这个建议。

钟爷爷用了两个月的时间，终于把他的故事整理成一本书，本以为可以直接找出版社进行出版了，但是他联系了出版社才知道，他需要先去办理版权登记。

钟爷爷跟小刚说，他之前没有写过书，更别说出书了，这次才了解到，原来在出书之前是需要把作品拿去登记的，这个就叫作版权登记。

钟爷爷说，他以前只知道有著作权法可以保护大家的原创作品，但是不了解这个版权登记是怎么回事。

所谓版权登记，就是到当地的版权局，申请作品登记，经过一系列流程之后，最终会获得作品登记证书，以此来证明创作人是谁，在什么时间，创作并登记了什么作品。

其实，根据著作权法规定，一旦作品创作出来，作者就自动享有著作权，那为什么还要去做版权登记呢？

因为，一旦发生侵权事件，如何来证明作品的创作者是谁，就成了最难的一部分。

如果在作品完成的时候，就找到当地版权部门进行作品登记，那么之后再遇到这样的侵权行为，就能很快地证明作品的原作者是谁了，并且能够查到登记时间。

说到这里，钟爷爷显得有些沮丧，他虽然了解了办理版权登记的重要性，但是整个流程太复杂了，不仅要缴费，还要等上1~2个月。要是画家想要将自己的每幅作品都进行版权登记，岂不是要交一大笔费用？

通过钟爷爷的事情我们可以看出，版权登记能够更好地维护我们的著作权。但是现阶段的版权登记，整体流程非常复杂，不仅会产生费用，还要等上好久才能完成。

我们的区块链技术如何更高效地进行版权保护呢？

你一定已经发现了，版权登记所证明的东西，正好与区块链的很多特点相符。

区块链自带时间戳，并且上传记录不可篡改。一旦文件上传到区块链网络，我们自然可以知道，它是什么时间上传的，以及是从哪个地址上传的，而且这个记录不能被篡改，这就能很好地证明是谁，在什么时间，上传了什么东西。

整个过程非常迅速，只需要几秒钟的时间，也几乎不会产生费用，就可以做出一份基于区块链的存储证明，也就是区块链存证。

现在，已经有多起侵权案件因为有区块链技术的助攻而得到快速解决。以其中一个案例来说：A公司发现，B公司未经过他们的允许，擅自转载了A公司的文字作品和摄影作品到B公司的网站上。

这种行为其实很常见，许多公司或者个人会去找侵权的公司讨个说法，但是往往对方会悄悄地把侵权的文章和图片删除，假装什么都没有发生过，被侵权的公司也就只有"哑巴吃黄连，有苦说不出"了。

不过这次A公司非常机智，他们提前用截图的方式，把对方侵权的证据以图片的形式记录下来。再将这个侵权证据上传到区块链上，B公司无法篡改图片，最后A公司维权成功，B公司付出了高额的赔偿。

随着区块链技术的日渐成熟，以后人人都能快速地上传作品，并轻松地获得一个基于区块链的作品登记证书。如果区块链技术再普及一些，那些通过侵权获利的人，也会因为侵权的成本变高，从而望而却步。

所以说，科技除了改变人们的生活方式，或许还能起到使人向善的作用呢，而区块链同样如此。

区块链如何帮助社会做慈善

四

小读者们，不知道你所在的城市是否有逸夫小学，或者你们学校有没有逸夫教学楼？如果有的话，那你一定得知道"逸夫"这个词的由来。

邵逸夫先生是香港著名的实业家、慈善家，由他出资捐赠修建的学校、教学楼、医院等，会以"逸夫"来命名。

邵逸夫老先生因为创办了邵氏兄弟电影公司及香港电视广播有限公司（TVB），在商业上取得了巨大的成功。而在成功之余，他自1985年以来，连年捐赠巨款，修建教育教学、医疗设施。

像邵逸夫老先生这样，自愿地奉献爱心，助力公益的善举，就是慈善。

当然，除了像邵逸夫老先生那样的成功企业家能够做慈善，我们普通人也可以奉献自己的一份爱心。我国一共有14亿人口，如果有一半的人每人捐款1元，就能筹集到7亿元的善款了。

但是，想要收集这么多人的捐款，也是件困难的事，总不可能让被帮助的人去全国各地挨家挨户收吧？于是有了专门的组织，叫作慈善基金会。这是一类以私人财富用于公共事业的合法社会组织。

有了慈善基金会，他们可以接收需要帮助的信息，并了解需要帮助的人的情况，同时，再汇集各个地方的捐款，按情况分配给需要的人。有了这样的组织，对于捐款者和受助者来说就非常方便了。

这么看来，慈善基金会是一个公益组织。

但是，就好像有光就有影子一样，在慈善基金会里面，也可能潜藏着一些不怀好意、从中作恶的人。

从上图中可以看出，慈善基金会是联结捐款者与受助者的关键桥梁，所有受助者的信息和捐款者的钱都在这里汇聚。慈善基金会就是一个中心，如果它出现什么问题，会给捐款者和受助者带来极其负面的影响。

小方的爸爸老方，就遇到过两次这样的问题。

老方经营着一家工厂，在他的领导下，工厂效益很好，于是手头宽裕的老方会时不时地做些慈善。

在国内发生大地震的时候，老方义不容辞地通过某个基金会捐款了20万元。但是，事后老方问起来，这20万元用在了什么地方，买了什么物资，基金会却给不出明确的回复。这让老方心里很难受，也对基金会也产生了各种怀疑。究竟基金会有没有用这笔钱购买物资，并交给需要帮助的受灾人民呢？

还有另外一件事，也让老方想要做慈善的热心凉了一大截。

有一年发洪灾，老方又捐款了10万元救助灾区人民，这次他换了一家慈善基金会，并且要求对方提供详细的资金使用情况说明。

这次的基金会确实给出了一份说明，上面明确写出他的捐款用于购买救灾帐篷，只是，这帐篷的单价似乎比市场上的价格高了许多。

老方心里有些嘀咕，难道……

带着疑问，老方在网上查找相关新闻，确实发现许多慈善基金会都存在这样的现象，就是用高价购买物资，而这背后也牵扯出一些慈善基金会内部腐败的问题。

原来，由于缺乏必要的监管，慈善基金会的一些管理人员利用自己的职位便利，会擅自决定购买指定厂家的物资，并通过与指定厂家勾结，为自己谋取私利。

所以，现在慈善基金会主要的问题就在于：一方面，捐款的人并不清楚自己捐的钱是通过什么方式救助他人的；另一方面，对于购买的救灾物资，没有一个关于数量和单价的标准，这样的漏洞就导致基金会内部出现贪污腐败的现象。更有甚者，通过制造假的救助人信息，将捐款堂而皇之地塞进自己的腰包。

正是这些"老鼠屎"的出现，使得像老方这样的爱心人士的热情被不断打击，捐款减少甚至不再捐款了。

那有没有办法挽回老方他们的热心呢？

现在慈善基金会的问题主要有两个原因：

①过程不透明。

②不好监管。

而区块链技术最拿手的就是解决不透明的问题。

我们可以把监管者也就是各地相关部门、银行、慈善基金会三方联合起来，

共同构建一个区块链平台，这样每一笔善款的流向就可以实时地共享给监管者了。

在这个平台上，我们先验证受助人的真实情况——当地是否真的有这个人？他是否真的需要救助？

然后我们把验证过程中的关键信息和执行者的信息记录在区块链上，方便事后审查。如果还有人想要从中作假获利，就无从下手了。

最后，再将受助人的收款信息和基本情况发布给捐款者，捐款者可以通过区块链上的信息将钱直接汇款给受助人，而这个汇款信息也将被记录在区块链上。

这种直接将善款汇款给受助人的情况，流程非常简单明了，而且中间过程公开透明，捐款人和监管者都能清楚地看到资金的流向。

如果受助人需要的是物资呢？

慈善基金会只需在银行专门建立一个受监管的收款账户，收到善款后，慈善基金会在哪里购买物资，物资的品牌是什么，单价是多少，物流信息是怎样的，全部被一清二楚地记录在区块链上。更关键的是，每个环节都可以知道具体是什么人在执行，要是真有人敢钻空子，轻而易举就可以把他揪出来。

值得向大家说明的是，这种利用区块链技术的慈善项目，已经有许多企业做出成功的案例啦！

工商银行和政府合作，在贵州省成立了国内首个区块链精准扶贫平台。

支付宝推出的基于区块链的爱心捐赠平台，已成功实现运营。

这次全球突袭的新冠肺炎疫情，支付宝上线了防疫物资信息服务平台——只要一方发出需求清单，或一方物资进入物流环节，就开始信息上链，物资所到之处的每一个环节、每一个经手人都在区块链上显示，保证了疫情物资能够安全高效地送到有需要的人手上。

往后的一两年，区块链技术必将越来越多地接入慈善事业，对于像老方这样的热心人士来说，以后就可以毫无顾虑地捐款了。

第三章 区块链的作用

前面我们讲了区块链技术的一些主要应用，但并不是说区块链只能做这些。

全球最具权威的信息技术研究分析公司Gartner在2019年发布了一份调查研究报告。报告中指出，未来5～10年，区块链技术将为大多数行业带来变革与转型。

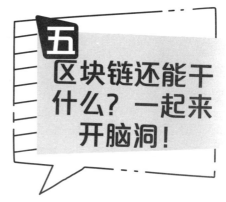

这样看来，区块链的作用和应用实际还有很多很多，下面我们再来说说区块链的一些其他应用，看看小读者们能不能联想到什么。

隐私保护

不知道你是否有过这样的经历：父母刚给你报完辅导班，没过几天，就会接到一些推销课程的骚扰电话；又或者你家刚刚买了一辆新车，没过多久就接到各类保险公司和汽车维修公司的推销电话。

我们的个人信息经常被泄露、滥用，使得我们原有的宁静生活被一通通骚扰电话打破，一条条群发广告短信更是司空见惯。

如果结合区块链的一些特性，是否可以保护我们的隐私呢？

答案是肯定的。

通过跟政府相关机构合作，可以设计一套区块链系统，再结合生物识别技术，即人脸识别、指纹识别，我们就可以在政府机构那里上传个人资料信息，然后由政府机构出一份证明，证明我提供的信息属实。最后将这份证明放到不可篡改的区块链上。而这个证明，我们可以把它称为数字身份。

当我们再去买车、购物、报课外辅导班的时候，只需出示这份通用的数字身份就可以了，至于联系方式嘛，在这套区块链系统上，我们的电话号码会被隐藏起来，这样再也没有各种中介、企业能够骚扰我们了。

通过构建基于区块链的数字身份，可以很好地保护我们的隐私。

2

智慧生活

在科幻电影的场景中，我们常常能看到一个虚拟的人工智能管家帮助主人操控家里所有的电器设备，这其实就是人工智能结合物联网的未来场景。

设想一下，当你放学回家，提前通过人工智能管家帮你打开灯，打开空调，播放你喜欢的音乐，甚至帮你提前在浴缸里放满洗澡水，是不是感到很舒心呢？

我想小读者们可能还不知道，目前市场上已经有一些公司在尝试这样的设计了，但是有一个关键问题，就是设备与设备之间传递的信息如果被黑客截获，就会变得很危险。不但会暴露我们的隐私信息，甚至可能通过恶意操作对我们造成人身伤害。

所以，这里就需要利用区块链不可篡改的属性，保障设备之间传递的信息是不可篡改的，能够使得物联网安全运转。

相信未来，有了区块链技术的神助攻，我们的生活一定会变得更加智能和方便。

独一无二的数字资产

我们之前提到过，以太坊是一个区块链应用平台，它可以使一段程序不被篡改，于是，通过以太坊打造数字资产就非常容易了，仅仅需要一段计算机代码就可以做到。

比如足球明星哈梅斯·罗德里格斯（J罗）就发行过自己的数字资产——JR10 Token（代币、代券），用来加强粉丝与他之间的互动和联系。而JR10 Token有点像小读者们收藏的精美游戏卡片，是可以和小伙伴之间进行交换的。

简单来说，数字资产就是在网络上生成独特的、唯一的数字商品，而这个唯一品是不可拆分的。

这里我们要先了解两个概念。拿比特币来说，每一个比特币都是一样的，而且可以拆分成许多份，比如0.1个比特币，最小可以拆分到0.00000001个比特币。而这一类的数字资产我们称为"FT"，意思是同质化通证。

而另一类的数字资产跟比特币不一样，它们不能拆分，也不是相同的。这一类的数字资产我们称为"NFT"，意思是非同质化通证。

那么，我们再好好想想，还有哪些应用可以用到NFT呢？

各种证件是不是可以？比如身份证、学生证、驾驶证之类的，这样我们出门就不用带各种证件了。

门票是不是也可以呢？世界杯球赛门票、演唱会门票、艺术展门票等，如果把它们做成基于区块链的数字化版本，就可以在网上很方便地进行购买和转让了，再也不用担心买到假票了。

那么虚拟网络世界中的数字资产呢？

2017年年底就开发出一款基于区块链的游戏，曾经火遍整个区块链领域，吸引了150多万用户，交易总价值超过4000万美元，游戏的名字叫作"加密猫（Crytokitties）"。

加密猫游戏是一款宠物育成游戏，包括猫的生育、收集、购买、销售等。每只加密猫都设置有256位的基因组，不同组合的基因序列分别影响了它们的胡须、条纹、孕育时间、颜色等，最终形成独一无二的加密猫。

每一只猫都是独立的个体，不能变成0.1只猫，这就成了NFT的数字资产。

游戏的最开始只有100只猫，被称为"创世猫"，又叫作"0代猫"，以后每15分钟，系统就生成一个新的0代猫，除此之外，还可以通过两只猫来生育新的猫，新的猫也是独一无二的猫，并且带有上一代两只0代猫的遗传特征。

加密猫是世界上第一个基于区块链的宠物游戏。

一时间，许多人都被加密猫游戏吸引，大家也迅速地理解了区块链带来的新价值：一个永远属于你的数字资产，没有一家中心化的企业或机构可以把它收回，它的属性就像现实生活中我们的财产一样，属于个人。

加密猫

那么以此展开，未来可能会是什么样的呢？

不知道大家有没有看过著名导演史蒂文·斯皮尔伯格执导的电影《头号玩家》。在这部电影中，人们只要戴上虚拟现实的VR设备，就可以进入一个与现实

形成强烈反差的数字虚拟世界。在这个虚拟世界，你可以拥有只属于你的虚拟房产，可以通过做任务获得独一无二的虚拟道具，可以参加比赛赢得虚拟货币。而所有的虚拟数字资产，甚至都能在现实生活中产生价值，成为我们自己的资产。

如果未来确实就像电影里展现的那样，并且这些数字资产都是基于区块链技术的，那么我们在虚拟世界中获得的稀有道具，就不会担心被所谓的游戏公司收回，也不用担心因为某某公司倒闭而使自己的数字资产消失，而虚拟货币也能够当真的资产来使用了。这样的话，我们就可以体验多姿多彩的虚拟世界啦！

当然，区块链还有数不清的应用领域，如医疗、教育、文化娱乐、通信、社会管理、共享经济、保险等，区块链将结合各行各业为我们带来新的应用和体验。

小读者们不妨再结合前面我们讲的区块链特性，想想区块链在我们的生活中还可以有什么用途呢？只要你再认真思考一下，说不定就会成为一位区块链的小小发明家呢！

自从区块链机器人走红以后，他的身影遍布在城市的每个角落。所有人都知道，如果遇到麻烦，就请呼叫超人小区吧！

收到任务！马上到！

嘀！

区块链
漫画小剧场

乘风破浪的『超人小区』

A银行大厅

我想汇款到英国，让朋友明天帮我买新出的奥特曼模型。

小朋友，国际汇款需要5天呢。因为……

在跨国汇款时，由于各银行用的不是同一套系统记账，就会需要中间银行，并且清算的过程需要耗费不少时间和人力，增加了费用。

国内银行交流群

6月1日 上午10:30

@所有人 谁认识英国的B银行啊，这里有一笔汇款请求。 A银行

D银行说E银行认识B银行，我帮你问问D银行。 C银行

6月2日 上午9:50

已向@E银行 汇款麻烦中转。 A银行

英国银行联络群

6月5日 上午11:00

已向@B银行 汇款收到请回复。 E银行

汇款收到。 B银行

啊！5天……奥特曼……呜…… 就卖完啦……

不用怕，用我的"世界银行区块链系统"3秒就能到账。

悬浮

区块链

如果所有银行都用一套基于区块链的转账系统，这个系统没有一个中心化的角色操控，既安全又大大地节了转账时间，也省去了多余的费用。

101

某超市门口

我家宝宝吃了你们卖的奶粉后就拉肚子了！

亲，我们卖的都是正品，绝不可能有质量问题的。

是不是正品，让我查一查就知道了。

利用区块链可溯源和防篡改的功能，给每个商品打上基于区块链技术的防伪标识，假货就会无所遁形。

原来你这个无良商家卖假冒伪劣产品！

太过分了！别想跑！

又有下一项任务了！收到！马上来！

小区！你可来了！我们这里发生了地震，需要紧急募捐，拜托你了！

忙碌

不要急，包我身上。

区块链

正规捐款渠道。

捐款箱　捐款箱　捐款箱

透明公开，实时监管。

将各地相关监督部门、银行、慈善基金会三方联合起来，共同构建一个区块链平台。那么每一笔善款的流向就可以实时共享给监管者了。

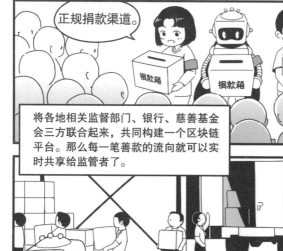

核对

 小区慈善基金

一方有难，八方支援。众志成城，共渡难关！附：此次募捐筹集善款明细表。

♡ 3684682

工商银行：小区棒棒的！
支付宝："宝区" CP，爱心助力！
市政府：🌱🌱🌱💪💪💪

分发

工商银行在贵州省成立了国内首个区块链精准扶贫平台；支付宝推出的基于区块链的爱心捐赠平台，也已成功实现运营。

区块链技术诞生以来，见证了城市翻天覆地的变化。

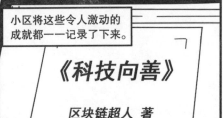

小区将这些令人激动的成就都一一记录了下来。

《科技向善》

区块链超人 著

出版社办公室

您好，《科技向善》这本书要出版，您需要先去相关部门登记"著作权证明"。

需要1~2个月……

版权登记能够更好地维护作者的著作权。但是现阶段的版权登记，整体流程非常复杂，不仅会产生费用，还要耗时很久。

原创作品区块链存证

作品名称：《科技向善》

作　　　者：区块链超人

作者身份：超人、经济学家、打假协会会员、慈善基金会志愿者、作家……

区块链自带时间戳，并且上传记录不可篡改。将文件上传到区块链网络，整个过程只需要几秒钟，几乎不需要费用就可以生成一份基于区块链的存在证明，也就是区块链存证。

不用，我有"区块链存证"。

区块链超人，请问您未来还有哪些新的计划呢？

未来5~10年内，区块链技术将为大多数行业带来变革与转型。

你——猜？

第四章

区块链的趣味故事

认识新时代的"矿工"叔叔

小读者们，你们一定都听过"挖矿"这个词吧，它常常指挖黄金、挖钻石或者挖煤之类的，因为这些东西都埋藏在地下，需要我们费很大劲去开采，经过再加工，然后才能供大家使用或销售。

早些年，像挖煤、挖贵金属可是非常赚钱的，很多人都通过这个发家致富了，尤其是在北方，一些煤老板几乎成了当地最知名的商人，可见挖矿行业有多吃香。

近几年，随着环境保护意识的增加，对挖矿这种既破坏土壤结构，也对于空气和水有严重污染的行为越来越规范化，要求也越来越严苛，因此传统的采矿业正面临着变革。

前面我们有提到过比特币的产生其实也是一个"挖矿"的过程，小读者们还记得吗？这个挖矿过程就像你努力学习了，取得好成绩就会得到家长的奖励一样，不同的只是这里奖励的是比特币而已。

我们来简单回顾一下，所谓比特币挖矿，其实就是用计算机算一道数学题，谁先算出来谁就能获得奖励。

只不过一台计算机的运算量有限，所以需要把很多的计算机放在一起，这样就可以提高获得奖励的概率，而在比特币世界中，人们把这种专门用来挖比特币的计算机称为"比特币矿机"。

比特币矿机的发展也不是一蹴而就的，经历了不算短的时间。

时间回到中本聪创造比特币的2009年，那时候全世界任何一台普通的计算机都可以用来挖比特币，所以，一开始中本聪老爷爷挖了不少比特币。由于那时候知道比特币的人非常少，所以进入比特币网络抢奖励的计算机也很少，因此那时候还是很容易获得比特币的。

不过后来，人们发现，CPU（中央处理器）的功能实在太多了，反而导致挖比特币的效率不理想，因为全能，所以不够专注。反观GPU（图形处理器），功能要简单许多，更适合处理比特币挖矿这种简单重复性的运算。所以人们就想，为何不能用GPU来挖比特币呢？

于是，GPU专用挖矿软件应运而生，甚至连GPU挖矿的比特币矿机也同时被设计出来。此时，已经不需要CPU和其他设备了，比特币矿机进入了第二阶段——依靠GPU挖矿。

GPU 矿机

2013年，一个被称为"南瓜张"的人，在经过一番研究后，创造出了一种更为接近"比特币专业矿机"的挖矿设备，并取名为"ASIC矿机"。

ASIC矿机

可以说ASIC矿机的出现才真正让比特币挖矿走入大众视野，也让很多普通人能够进入该领域。

而这个创造ASIC矿机的公司名为"嘉楠耘智"，6年后的2019年11月21日晚，这家比特币矿机制造商正式在美国纳斯达克挂牌敲钟上市，股票代码

"CAN"，成为"全球区块链第一股"。

2020年6月，另一家名为"亿邦国际"的比特币矿机公司也选择了赴纳斯达克上市，这也意味着亿邦国际将成为继嘉楠科技之后，第二家登陆纳斯达克的矿机生产商。

由此看来，矿机生产商作为比特币这条产业链中十分重要的一环，受到众多资本的关注，甚至诞生了像比特大陆（世界排名第一的比特币矿机生产商）这样估值超百亿元的"独角兽"公司。

虽然说在比特币挖矿产业中矿机厂商们扮演着至关重要的角色，但他们仅仅是生产者，真正的消费者也就是那些买矿机的人，我们称为"比特币矿工"。他们才是这个有趣产业的鼎力支持者，也是重要的参与者。矿机生产商就像小读者们玩游戏的玩具生产制造商一样，而矿工就像买玩具的你们，可以说是他们的"衣食父母"。

而这些新时代的矿工可比传统意义上的矿工要轻松多啦！

传统矿工属于非常辛苦的体力劳动者，不仅工作环境又脏又差，还是一项十分危险的工作，早年我们偶尔还会听到发生矿难的噩耗。所以，那时候的矿工叔叔们都是一群真正的"硬汉"，值得人们尊敬。

反观比特币矿工，他们就要幸福多了，他们一般会在较为偏远的水电站附近工作，属于技术性工人，因为他们维护的本质上是"计算机"。

你们或许会好奇，为什么他们都在偏远的山区水电站工作呢？这里，我们又要说回关于比特币矿机的事了。

因为比特币矿机是台功率非常大的计算机，而且需要24小时不停地运转，这会非常消耗电力。所以除了机器以外，比特币挖矿过程中产生的最大成本就是电费。于是一些聪明的投资者会把比特币矿场选在水电站旁，这样可以节约用电成本，而一般水电站都是建在比较偏远的山区，因此"矿工"们也自然需要在山区工作。

那么国内哪些地方水电站最多呢？

答案是云贵川附近。

为了节约成本，国内许多比特币矿场都选在云贵川附近的水电站旁，这样可以减少资源浪费。不过，还有另外一个原因，即比特币矿机运转起来的声音非常大，就像在安静的晚上下起暴雨一样，动静不小，而这样的噪声在山区就不会影响到其他人了。

在2017年巅峰时，全球超过65%的比特币矿场都分布在中国。而我国新疆和四川省的挖矿量，占中国所有比特币挖矿量的近一半。

这两个省份的共同特点是电费低，气候较温和，甚至偏寒冷，便于矿机的散热。比特币矿机就跟电脑一样，如果一直工作，会散发出大量的热量，所以，给机器降温也成了矿工们日常工作的重要一环。

2017年，我国的比特币挖矿事业可谓如日中天，全球前三的比特币矿机公司几乎都在中国，从产业链来说，中国在比特币挖矿领域算是全球龙头地位了。

那么这样大规模地挖比特币造成耗电增加，会对环境造成破坏吗？之前有数据统计，比特币挖矿一年消耗的电量，差不多等于奥地利一个国家一年使用的电量，因此有些专家称比特币挖矿是对资源的浪费。

但他们不知道的是，大部分比特币挖矿使用的能源（主要是电能）都是一些水电站多余的电量，尤其是在雨季，这些水电站的电量有些会被白白浪费，所以如果是在正规的比特币矿场挖矿，并不存在浪费能源一说，反而是对能源的一种高效利用。

3

2019年12月，数字资产管理公司CoinShares下属的研究机构CoinShares Research发布了一份关于比特币挖矿网络的报告。报告显示，随着挖矿产业的快速变化和扩张，市场上出现了新一代更强大、更高效的挖矿技术，人们也开始越来越多地选择可持续、可再生能源来进行挖矿，从而减少环境污染。

另外，这份报告也指出，分布在全球范围内的比特币矿工们，在2019年实现了54亿美元的挖矿总收入，虽然和动辄上百亿的热门行业来说收入不算高，但是对众多参与者而言，已经算是一份不错的收入了。

　　值得注意的是，2019年4月，国家发改委发布了《产业结构调整指导目录(2019年本，征求意见稿)》，其中将"虚拟货币挖矿"活动列为淘汰类产业。不过在同年的11月发布的《产业结构调整指导目录（2019年本）》，将处于淘汰产业的"虚拟货币挖矿"（也就是比特币挖矿）删除了。

　　该举动可以看出，无论是比特币本身，还是挖矿的矿工，甚至是生产机器的矿机制造商，都在逐渐被大家接受，甚至成为资本的宠儿。

　　还有那些放下城市繁华喧嚣的生活，选择在偏远山区为矿场服务的"新时代矿工"们，作为劳动者，他们同样值得我们尊敬。

世界上最贵的比萨

我们前面谈了很多关于比特币的内容，从比特币诞生到比特币背后的技术，再到围绕比特币而形成的产业链。不知道会不会有小读者好奇，这些参与到比特币产业中的人靠什么赚钱呢？

其实这些虚拟的比特币，是有现实价格的。那么，小读者们知道现在一个比特币的价值是多少钱吗？

在回答这个问题前，我们先来看一个故事吧。

时间倒回到19世纪50年代，那时候美国的工业体系还不发达，也没有支撑该国发展的重要产业，但从殖民地解放的美国人民对自由和财富有了新的认识，尤其是解决温饱问题后，他们将目光投向了创造更多的财富之中。

其中最著名的莫过于1848年掀起的"淘金热"。

那时候，美国移民萨特在加利福尼亚州的萨克拉门托附近发现了金矿，随后一些冒险商人、操纵者及土地投机家陆续抵达，发现金矿的消息也遍布全世界。

而在金矿被发现后，美国举国沸腾，世界也陷入了震惊。近在咫尺的圣弗朗西斯科（旧金山）首先感受到了淘金热的冲击，几乎所有的商铺停止了营业，海员把船只抛弃在圣弗朗西斯科湾，士兵离开营房，仆人离开主人，工人扔下工具，公务员离开写字台，甚至连传教士也离开了布道所，纷纷涌向金矿发源地。

成千上万的淘金者使加利福尼亚州的人口猛增，就连附近的城镇都摇身一变，成了国际性的城市。

不久，因为淘金的浪潮火热，一些国外人口大量涌入美国，带动了美国衣食住行等商品的价格持续走高，使得当地的经济得到巨大发展，创造了不少财富，并且促进了美国西部交通的发展和城市的扩张，可以说这段时间的淘金热对美国经济的带动有着不容小觑的作用。

为什么要在这里讲"淘金热"的故事呢？

如果说19世纪的黄金是淘金热的起点，那么21世纪的比特币充当的正是淘金热时期的"黄金"。

接下来我们再讲一个关于比特币和比萨的故事吧。

2010年5月18日，外国小哥哥拉斯洛·豪涅茨（Laszlo Hanyecz）当时还只是佛罗里达州的一个小程序员，不过那时候的他已经是比特币早期挖矿成员了，作为挖矿界的吃货，有天他突发奇想，在比特币论坛（Bitcointalk）中发帖，询问是否有人愿意帮他在店里订两个比萨，作为回报，帮助他的人可以获得10000个比特币。

当时拉斯洛写的帖子内容非常生活化，还强调了自己对于比萨的喜好，他要求："洋葱、胡椒、香肠、蘑菇等，什么奇怪的鱼肉比萨就算了。"帖子发出后，大多数人都在好奇地围观，后来还真有一位英格兰的网友帮他订购了两张比萨（当时价值40美元）。

而在那个时候，比特币并不具备任何价值，1个比特币仅价值0.003美分，几乎可以忽略不计。

几天之后，在5月22日，拉斯洛发出了交易成功的炫耀帖，表示已经和一个网名叫Jercos的哥们完成了交易，还附上了比萨的图片，并表示他支付了10000个比特币。

虽然拉斯洛是在5月18日发布的帖子，但是5月22日才是真正的交易时间，这是史上首笔用比特币完成支付的交易，于是人们选取了5月22日作为正式的纪念日，并命名为——"比特币比萨节"。

这个"新传统"延续至今，每年的5月22日，比特币行业的参与者们都聚在一起庆祝这个特殊的节日。

到这里，故事听起来都还很美好，但小读者们或许不知道，2010年的比特币虽然不值钱，可是随后的几年，比特币的价格一直处于极度夸张的"暴涨暴跌"之中，并且在2017年年底最高时达到过一个比特币可以兑换20000美元，因此换算下来，当年买比萨的拉斯洛小哥哥付出了2亿美元……

所以，那两张比萨也成了名副其实的"全球最贵的比萨"。

饿，谁帮我叫两个比萨，我就给他1万个比特币。

我喜欢比萨里放洋葱、胡椒、香肠、蘑菇……奇怪的鱼肉就算了。

1

5月22日比特币比萨节

这是史上第一笔用比特币完成支付的交易，作为纪念，5月22日这天被命名为"比特币比萨节"。

比特币值几个钱，谁要给他买比萨。

哦？有意思。

2

之后，比特币价值不断暴涨，2017年1个比特币的价值已高达2万美元。

6

噔噔噔噔！我收到了两份美味的比萨！兄弟，够意思！我这就给你转1万比特币！

3

宝宝不哭……哥可是买过"全世界最贵比萨"的人。

7

嘿嘿嘿，1万比特币才等于30美分，两个比萨要40美元，简直赚翻了！

+10000

偷笑

4

果然有意思。

8

我们再回到淘金热的故事中，你们会惊讶地发现，原来比特币这么值钱，甚至超过了黄金的价值。所以呀，才会有那么多人前仆后继地进入比特币世界，因为他们也想在这个充满"黄金"的世界中找到属于自己的财富，也因此，比特币又被称为"数字黄金"。

回看这两个故事，我们会发现，不管什么时代，人们追寻财富的热情永远不会停止，只是随着时代的发展而对不同的东西感兴趣罢了，就像小读者们小时候可能喜欢玩具，长大了喜欢游戏机一样，它们的本质还是一样的。

因为比特币暴涨暴跌的特点，它还是会被一些人排斥，称其为"惊险的投资"。甚至连全球知名投资者巴菲特也不看好比特币，屡次公开批评比特币毫无价值，并称其为"老鼠屎"一样的东西，但这些都阻碍不了比特币的部分价值被认可。

2017年12月，芝加哥商品交易所推出了比特币期货。芝加哥商品交易所是当前世界上最具代表性的农产品交易所，也是全球最大的衍生品交易所，这意味着比特币正式由小众投资产品变成了能够让全世界投资者参与的"大宗商品"。

2018年8月初，纽约股票交易所母公司——洲际交易所与微软、星巴克、BCG和其他企业联合推出了加密资产交易平台Bakkt。该公司旨在创建一种开放的、无缝的全球网络，让投资者、商家和消费者能够以一种简单、高效和安全的方式进行买卖、存储和支付数字资产。

可以说，比特币在投资市场受到了特别的优待，比特币的应用也在全球范围内逐渐走入人们的生活。

2019年上半年，美国知名杂志《华尔街日报》称，全球著名咖啡品牌星巴克将在其商店中安装一种支付工具，客户在购买星巴克咖啡时可以选择使用加密货币进行支付。并且，在使用过程中，加密货币会立即转换为法定货币，以避免加密货币价格波动带来的风险。

到今天为止，全球已经有许多国家和地区支持比特币的支付方式了，在日本，比特币被允许作为一种货币使用，可以在商场超市消费，甚至一些金融公司还支持用比特币买房子和车子。

据国外知名加密货币数据网站coinmap显示，目前全球范围内支持比特币支付的场所已经超过19000个，预计很快就会突破20000个。

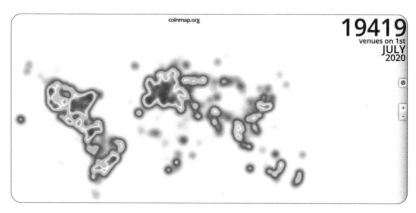

支持比特币支付的全球分布图

比特币从当年的一文不值，甚至不受待见，到今天一步步走入传统金融的殿堂，并成为全球投资者的新兴投资产品。

尤其是到了2020年，众多传统金融机构也开始试水比特币投资，其中最著名的要数华尔街的投资大佬保罗·都铎·琼斯（Paul Tudor Jones），作为全球知名期货投资的传奇人物，他公开表示比特币将成为当前法定货币大规模通货膨胀的最大赢家，并称已经把比特币加入了自己的投资列表。

由于获得像琼斯这样著名投资家的盛赞，一时间比特币成为华尔街投资者热议的话题，甚至受到《哈利·波特》作者J. K. 罗琳的关注，以及《富爸爸穷爸爸》作者罗伯特·清崎的推崇。

尽管比特币现在越来越受欢迎，但是小读者们一定要明白，真正让比特币产生价值的并不是它上涨的价格，而是我们之前说过的比特币的作用和其背后的技术，那才是比特币的价值所在。至于投资比特币获得的收益，纯粹是对其价值的认可，而不能仅仅为了投机，这点小读者们一定要谨记在心。

或许以后你们当中会有人成为投资行业的人才，但是一定要牢记，只有价值才能引领价格上涨，否则，很难会有"丑小鸭变成白天鹅"的故事发生，比特币同样如此。

最后，我要提醒下小读者们，尽管比特币背后的技术很重要，但比特币目前还是一种容易被炒作的"虚拟资产"，风险较大，不适合普通人参与。

我们在之前讲比特币的时候，提到过比特币矿机本身就是一台计算机，而全球数以百万计的比特币矿机其实就构成了全世界最大的"计算机"。

为什么这么说呢？

小读者们还记得比特币的挖矿原理吗？其实就是计算机不停地做运算，而且是全球上百万台比特币矿机同时在做一道计算题，这相当于什么呢？

这意味着这上百万台计算机构成了一台更大的"计算机"，而这台"巨无霸计算机"只是为了算出这一道题，这也就形成了全球最大的计算机网络，没有人可以同时攻破这么多台计算机，这也是比特币很安全的原因之一。

接下来，我们会讲到一些比较复杂的内容，小读者们要仔细看哦。

小读者们还记得以太坊吗？其实都是这样的逻辑，因为目前的以太坊同样有矿机存在，它们同样在做着一些计算工作，构成了另一台"巨无霸计算机"。

那么区块链网络的构成一定需要这么多计算机吗？

其实并不是。

我们目前提到的比特币和以太坊都属于"POW共识机制",通过这种共识机制,全世界这么多计算机才能同时进行操作,并保证相关网络的安全稳定运行。

何谓共识机制呢?

简单来说,就是通过某种方式达成共识。例如,你跟你爸爸说一周要20元的零花钱,并且约定每周日晚上给你,这种方式就是你和你爸爸达成的共识,我们也可以称为一种简单的共识机制。

而区块链网络的共识机制目前常见的有三大类,分别是POW(工作量证明机制)、POS(权益证明机制)、DPOS(股份授权证明机制),当然,第一次听到这些奇怪的名词,小读者可能会感到难以理解,下面我为大家简单地讲解下。

首先我们来看看什么是POW。

POW其实就是目前比特币和以太坊采用的共识机制。这种机制具有完全去中心化的优点,在以POW为共识的区块链中,节点可以自由进出。通俗来说,这种机制就像小读者班上竞选班干部的投票一样,人人都可参与,人人都可投票。

因此,POW被认为是较为公平的一种共识机制。只要达到要求,都可以参与到某个网络的建设中来,并且基本上是自由进出的。所以,只要有一台比特币矿机,你就可以成为该网络中的一员,并且参与到网络建设中。

不过POW被认为有浪费资源的风险,也就是前面我们提到的比特币挖矿消耗了大量电能。

然后我们来看看POS。

如果说POW依靠的是实体计算机本身来维护网络的安全和稳定，那么对于POS来说，依靠的则是所拥有的加密货币的数量。简单来说，想要加入这个网络，需要购买一定的门票（加密货币）。

POW的门票是比特币矿机，而POS的门票则是这个项目本身的加密货币，这是两者本质上的不同。

不过因为POS网络的构成需要的成本较低，这几年受到很多区块链公司的欢迎，甚至像以太坊这样知名的区块链项目，也想从POW转为POS，以此降低网络运行成本，并提高网络运行效率。

最后来说一说DPOS。

简单来说，DPOS这种机制与董事会投票类似，该机制拥有一个内置的实时股权人投票系统，就像系统召开了一个永不散场的股东大会，所有股东（持有加密货币的人）都在这里投票进行决策（代表节点）。这也像我们的代表大会一样，通过选举一些我们信任的人作为代表，然后参与到整个网络建设中。

DPOS相对POW和POS来说，最大的不同是把完全去中心化的治理变成了更贴近现实生活的场景，这样一来，系统内的决策效率也会提高很多。而且，如果在系统内出现不好的现象，那些作为代表的人可以很快反映出来，并及时做出决策。

当然，从客观的角度来看，我们不能单纯地说POW、POS、DPOS到底谁是最好

的。这就好比每个人喜欢的颜色不同，最终选择穿的衣服颜色也会不同，重要的在于是否适合。我们需要根据区块链公司和项目所处的场景来决定选择哪种共识机制更合适，而最终都是为了在一个良好的共识机制的基础上创建一台又一台"巨无霸计算机"。

区块链本身是一个分布式系统，而这个分布式系统由一组网络进行通信，是由完成共同任务的计算机节点和协调系统组成的，或者可以理解为一个分布式系统就是一个独立的计算机集合，就像比特币网络一样，这是区块链最核心的特点。

而区块链这样的构成方式是为了让便宜而普通的计算机，以及一台计算机无法单独完成的计算和存储任务，通过使用更多的计算机来构成一台"巨无霸计算机"，从而能够处理更多的数据，最终实现无数台计算机同时工作。

所以，区块链在这方面更像是一个计算机大集体。小朋友们很难一个人搬起一块20千克重的大石头，但如果七八个小朋友一起，就可以轻松搬动，甚至还能搬起更大的石头。

面对区块链网络中的这个"巨无霸计算机"，我们具体可以利用它做什么呢？

我们可以用它做两大任务——分布式存储和分布式计算。这包括我们熟知的很多应用场景。

不知道大家有没有用电脑下载过游戏，那些小则五六个GB，大则二十几个GB的游戏，一般家里的网速下载起来还是比较慢的，有时候想玩个游戏，还要耐心地等待很久，这其中除了网络因素，还包括电脑自身的硬件性能。但如果是利用区块链的这台"巨无霸计算机"做分布式存储，那么需要下载的时候，速度可以有成倍提升。这是为什么呢？

因为我们现在存储数据时，都是将完整的数据放在某个中心化服务器里，要下载的时候才会调取完整数据，实际操作起来非常麻烦，甚至存在丢失的可能。而使用区块链的分布式存储功能，它会使用就近原则，你所需的数据不是放在某台特定的服务器中，而是一个基于区块链的分布式存储的网络中，只要数据发生了传输，就会分配到参与的计算机中，大大提高了传输效率，并且不会因为中心化服务器被破坏而发生数据丢失，安全性因此也大大提高。

而分布式计算带来的变化就更直接了。

我们前面提到的全球上百万台比特币矿机同时计算一道数学题就是最好的应用，而现实中我们可以用来做视频和图片的渲染，或者做一些科研院所的数据整理，甚至用于军队中的数据分析，利用区块链网络的计算特性可以明显提高计算速度。在人工智能行业，也会带来质的飞跃，毕竟人工智能需要运算的数据量是非常庞大的，借助区块链这台"巨无霸计算机"能够快速完成数据计算任务。

所以说，从比特币网络中我们看到了另一种创建全球性计算机的方式，并将

其用于区块链网络之中，从而有了更多的扩展性和应用，使得区块链不是停留在思考层面，而是实实在在走进了人们的生活。

区块链这台全球最大的"计算机"，将全球无数台计算机联系到一起，再用一种巧妙的共识机制让不同肤色、不同地区甚至不同年龄段的人都能参与其中，这可是在历史的长河中从来没有发生过的事，而这也是区块链技术的伟大所在。

或许有一天你们也会加入这个全球性的计算机网络之中，你们做好准备了吗？

小读者，你们知道火车和轮船是怎么发明的吗？

如果恰好你了解过，那你一定知道它们的发明都离不开一个东西，那就是蒸汽机。

蒸汽机是第一次工业革命的产物。18世纪60年代，随着珍妮纺织机等工作机的发明，到英国发明家瓦特的改良型蒸汽机的普及，大机器生产开始取代手工业，人类社会开始进入"蒸汽时代"。

这期间，由于动力的进步，生产力的提高，进一步造就了更多实用的发明，于是有了蒸汽机车、轮船以及更多工业生产机器等。

新的技术大幅提高了生产效率，使得最早工业化的英国尝到了甜头，英国比其他国家拥有更高的产能，更快速、便捷的交通。很快，英国就顺理成章地成为当时的世界霸主。随后美国、法国等国家也相继工业化，同样取得了工业革命带来的巨大发展动力。

在此期间，不仅是工业化国家获得了巨大的红利，工业化也诞生出新的需求，由于蒸汽机的发明，带动了像蒸汽机车、铁路等需要更多钢铁的发明的诞

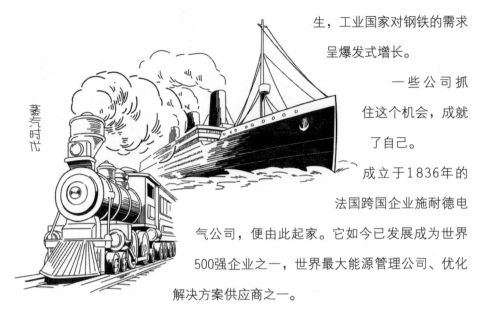

蒸汽时代

生，工业国家对钢铁的需求呈爆发式增长。

一些公司抓住这个机会，成就了自己。

成立于1836年的法国跨国企业施耐德电气公司，便由此起家。它如今已发展成为世界500强企业之一，世界最大能源管理公司、优化解决方案供应商之一。

可以看出，一次科技的进步带来巨大生产效率的提高，会为一些公司带来新的发展机会，而对于国家来说，甚至可以让它们一跃成为世界级的强国，改变整个世界格局。

第二次工业革命中，电力的广泛应用和内燃机的发明，带领人类进入电气时代。

原本工业化程度较高的欧洲国家、美国和日本，顺势品尝到了第二次工业革命的成果，世界格局进一步形成并稳固。其间，有更多我们现在耳熟能详的企业诞生，比如发明汽车的奔驰公司、让汽车进入千家万户的福特公司、发明家爱迪生创办的通用电气公司等。

电气时代

第三次工业革命，则是以原子能、电子计算机、空间技术和生物工程的发明和应用为主要标志，涉及信息技术、新能源技术、新材料技术、生物技术、空间技术和海洋技术等诸多领域的一场信息控制技术革命。这个阶段，成就了诸多网络、通信、互联网、硬件、软件、生物制药等巨头公司，也将工业带入工业3.0的自动化制造阶段。

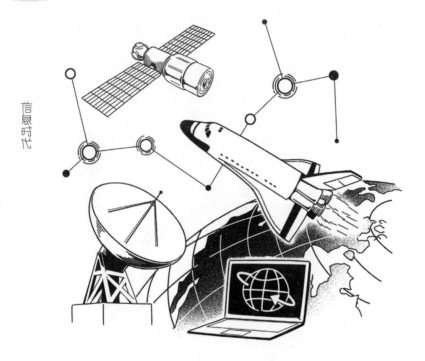

信息时代

如今，我们正在畅想第四次工业革命，新一代信息技术，如5G、人工智能、大数据、区块链等，都是可能在第四次工业革命中大放异彩的技术。

在经历了前三次工业革命的变革后，全球各国的企业家们都明白了一个道理——新技术，尤其是能带来巨大效率提升的技术，一定要积极把握。谁先掌握了最前沿的技术，谁就能制定标准，贩卖专利，售卖最先进的产品，获得巨大的财富。

目前，区块链还没有一个全球通用的标准，是一个未被占领的空白区域，因此，各大企业都在加紧对区块链技术的研究和掌握。

那么如今他们都在如何探索区块链呢？

一些科技大企业选择基于区块链技术研发出行业解决方案，正好也有一些传统企业，想要基于自身业务结合区块链技术来改进技术，于是两者一拍即合。

以全球最大的信息技术和业务解决方案公司IBM为例。IBM早在2015年就开始筹备进军区块链，并于之后推出了区块链平台服务。随后IBM便开始与各大公司陆续进行合作。2017年，IBM与世界十大著名航运公司之首的马士基集团合作，共同打造了一个基于区块链的数字化集装箱航运物流平台——TradeLens。

TradeLens物流平台向航运的所有参与方开放，包括托运者、船公司、货代、港口和码头运营商、内陆运输、海关当局等。当某个参与方想要了解"集装箱在哪里"时，如果按照传统的操作方式，一共需要通过5个人，进行10个步骤才能查到，而通过TradeLens平台，仅仅需要一个人操作，一个步骤就能完成。

如此立竿见影的高效自然吸引了非常多的机构参与其中，包括全球第二大航运公司瑞士地中海航运公司和第四大集装箱运输公司法国达飞海运集团在内，一共有上百家全球性企业参与TradeLens。

同一时间，全球排名第一的零售商沃尔玛和排名第二的家乐福也与IBM合

作，使用IBM的Food Trust商用区块链网络对他们的食品进行溯源。

以上案例就很好地说明，国际型大公司对于布局区块链的渴望，以及我们可以实际看到一些利用区块链达到的效果。

还有一些公司选择自主研发，并开创一个新的方向。

比如全球用户数第一的社交网站Facebook（脸书），在2019年6月18日发布了加密货币Libra的白皮书。

Libra是一个与美元等值的价值相对稳定的加密货币，它最初的设计是由美元、英镑、欧元和日元4种法定货币计价的一篮子的低波动性资产作为抵押物（可以简单理解为将钱存放在该平台用于支借），而它最核心的作用就是支付。

可能一些小读者会觉得，不就做了个支付吗？也没多大作用的样子。

其实，如果加密货币Libra真的实现了，带来的影响将会是全球性的。现在，咱们国内早已普及了手机支付，但是其他国家，大部分还在使用纸币或者银行卡，手机支付这个领域还是空白。Facebook在全球拥有27亿用户，基于区块链做出的加密货币Libra，如果把手机支付做起来，瞬间就会有27亿的潜在用户，这些潜在用户基本都没有享受过手机移动支付的便利，一旦他们接触后，相信会很快转化为真正的用户。

截至2019年，全球500强有一半以上的公司都在研究区块链如何与自家业务相结合，越来越多的公司加入了区块链项目。

对于我们国家来说，央行数字货币可能是当下最紧要的一个研发方向。

央行数字货币，简称CBDC，是指由央行（中国人民银行）发行的法定数字货币，本质上与现金相同，与我们的法定货币即人民币等值（或固定的比值）。相当于把纸币数字化了，使用起来就像我们用支付宝或者微信支付一样。

截至2020年7月，一些国家已经尝试发行了自己的数字货币，比如厄瓜多尔、委内瑞拉、乌拉圭、突尼斯、塞内加尔、马绍尔群岛等国家。虽然这些尝试并不是很成功——有的已经停止运行，草草收场；有的平平无奇，并未发挥出作用。但不可否认，他们都是在积极求变的勇敢者。

早在2014年我国央行就成立了数字货币小组，并在2017年5月正式成立央行数字货币研究所。经历了六年的努力，在2020年上半年，由中国人民银行主导开发的数字货币DCEP已在中国农业银行进行内部测试，并开放了深圳、雄安、成都、苏州这四个地区的网点参与测试，不久，其他几家大型国有银行也将陆续进行内部测试。

同时，俄罗斯、瑞典、泰国、立陶宛、巴哈马等国家也在计划发行数字货

币，日本、韩国、美国、欧盟也在为发行数字货币做研究和准备。

虽然现在形势看起来一片利好，但在发展区块链的同时，还要防范一些不法分子打着新技术的旗号行骗，以及创新技术可能带来的风险。

但风险与机遇都是共存的，这也是为什么各国都在积极讨论区块链的监管和区块链的支持政策。

所以，在时代变革背景下，最聪明的国家和公司都不约而同地选择去学习和研究区块链，其中最重要的原因是这项技术很有可能成为未来改变生产生活的重要技术之一。

2009年，中本聪创造的比特币江湖上，有一个关于金币的隐秘传说，吸引了全世界的冒险者前往淘金。

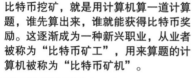

比特币挖矿，就是用计算机算一道计算题，谁先算出来，谁就能获得比特币奖励。这逐渐成为一种新兴职业，从业者被称为"比特币矿工"，用来算题的计算机被称为"比特币矿机"。

区块链
漫画小剧场

区块链里，竟然有矿？

比特币矿
先挖它一个小目标

矿区招聘会

排队
热闹

好工作!!!
高薪诚聘
比特币矿工

面试室

请说说你们的特长是什么。

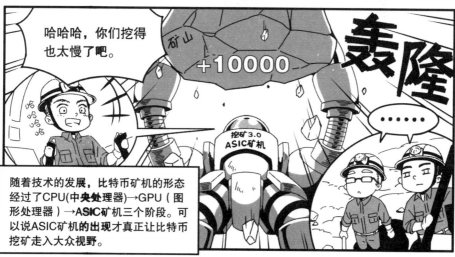

随着技术的发展，比特币矿机的形态经过了CPU(中央处理器)→GPU（图形处理器）→ASIC矿机三个阶段。可以说ASIC矿机的出现才真正让比特币挖矿走入大众视野。

比特币挖矿事业在全球范围内如火如荼，全球超过65%的比特币矿场都分布在中国。仅我国新疆和四川两省的挖矿量，就占我国总比特币挖矿量的一半。

因为比特币暴涨暴跌的特点，又被称为"惊险的投资"，但这些都阻碍不了比特币的价值被认可。据国外知名加密货币数据网站显示，目前全球范围内支持比特币支付的场所已经超过19000个。

尽管比特币越来越受欢迎，但它真正的价值并不是它上涨的价格，而是其背后的技术和应用。全球数以百万计的比特币矿机构成了全世界最大的"巨无霸计算机"，这张巨大的无形的计算机网络将连接起我们每一个人。

根据前三次工业革命的经验，全球各国的企业家们都明白了一个道理——谁先掌握最前沿的技术，谁就能引领时代发展的方向。让我们共同期待区块链等新技术可能引发的"第四次工业革命"吧。

工业革命2.0

工业革命3.0

工业革命1.0

小朋友，你准备好进入一个更酷的新时代了吗？

人工智能　　大数据　　区块链

第五章

区块链名词工具箱

一起来
复习吧

1 区块链基础结构

【区块链】

区块链是一种点对点的去中心化的分布式架构的账本数据库，每个账本数据库会将一段时间内发生的数据存储在数据区块中，前一个区块和后一个区块会通过加密方法链接在一起，并按照时间顺序公开地记录数据。

【点对点】

不需要通过"中间节点"，任意两点之间都能直接联系，也就是没有"中间商赚差价"。

【分布式架构】

分布式架构是相对于集中式架构的。集中式架构，就是网络里所有的计算机都在同一个地方，就好比把40份文件交给了40名学生，而这40名学生都是一个班级里的，被班主任统一管理，这就叫集中式架构。

分布式架构则与之相对，是网络里的计算机分布在各个地方，就好比同样将40份文件交给40名学生，但这40名学生分布在40所不同的学校里，不是被集中管理者统一管理。

【去中心化】

去中心化是相对于中心化的。

中心化是指有一个中心的个体或组织来主导。比如班级里要做什么，由班主任说了算，班主任就是中心化里的中心。那么去中心化，就是指没有一个中心化的个体或组织来任意修改规则，就好比大家在体育课上的自由活动时间，没有规定必须要做什么，每个人都可以做自己的事，这就叫去中心化。

区块链中的去中心化，就是指在区块链网络中，所有计算机都保存相同的数据，而没有一个中心的个体或者组织可以随意篡改这个数据。

【时间戳】

区块链中的时间戳可以形象地理解为每个刚生成的区块，系统都会给它戳上一个时间记录，同时存储在这个区块里的数据也被标记上了时间，这就是时间戳。比如你在区块链网络里面上传了一句话，这句话被保存到某个区块的时候，会留下时间记号，任何人都可以看到这句话是在什么时间被上传的。

【账本数据库】

区块链中的账本数据库，通常是指分布式账本数据库，可以理解为分散式地存放所有数据的仓库群。

2
区块链的特性

【不可篡改】

区块链的信息存储到区块链后，就被运行这个区块链网络的所有计算机共同记录，并且记录的信息是时刻同步的，所以区块链上面的数据几乎是不可篡改的。

例如，你跟同学们都在一个聊天群里，有一天你不小心把自己的囧照发到了群里，这样所有同学都有了你这张囧照。假如你删除其中一个同学电脑里的照片，系统会自动识别，这个同学电脑里存储的东西跟其他同学不一样，之后系统就会自动从其他同学那里把不一样的文件复制过来，就做到了数据不可篡改。

有一种情况——当你控制区块链网络中一半以上的电脑时，才可以进行数据的修改。但在现实生活中，要掌控超过一半的电脑是非常困难的。所以，我们说区块链是不可篡改的。

【公开透明】

主要指区块链里的账目是公开的，任何资金的流向在区块链里都是公开透明的。区块链里存储的每一个账户的资金往来都可以查得到，对方想不认账都不行，在什么时间、从哪个账户转了多少钱，区块链都记得清清楚楚。

【可追溯】

区块链可以轻松、准确地追溯每笔交易的流向，也就是每笔交易是从谁的账户转到谁的账户上的。

【智能合约】

智能合约是一段程序，当这个程序满足设定好的条款时，便会自动执行设定好的结果。相当于把现实生活中的纸质合同搬到了互联网上。

智能合约最早是由计算机科学家、加密大师尼克·萨博（Nick Szabo）在1994年提出的一个概念，并在之后由维塔利克·布特林（Vitalik Buterin）将其带入区块链中。结合区块链的智能合约是不可篡改的，一旦设定好条款和执行结果，智能合约就能自动执行，其他人不能随意修改。

3
加密货币挖矿

【挖矿】

通过运行区块链的程序来记录区块链的所有信息，并参与读取和发送可确认的交易，以此来获得区块链系统奖励的加密货币。这种付出劳动从而获得酬劳的行为，很像以前美国西部的淘金热，所以，业内人士便形象地把这种行为比喻为

加密货币的挖矿。简单来说，就是用电脑等设备去运行区块链的程序，来获得区块链系统给予的加密货币奖励。

【矿工】

参与维护区块链网络，并想要获得区块链系统奖励的人，称为矿工。

【矿机】

一种专门运行特定区块链项目，以获得相应的加密货币的计算机设备，叫作矿机。

4

挖矿方式

【CPU挖矿】

CPU又叫中央处理器，它是计算机的主要设备之一，负责处理、运算计算机内部的所有数据，是计算机的核心。CPU的作用就相当于人类的大脑，好的CPU，就是一个聪明人的大脑，做运算的速度会更快。

CPU挖矿，是指运行区块链项目的挖矿软件后，需要利用计算机的CPU来竞争到记账的权利，并且获得区块链系统给予的奖励。这种挖矿方式就叫CPU挖矿。这种专门用于运行CPU挖矿的矿机就叫CPU矿机。

【GPU挖矿】

GPU又叫图形处理器，顾名思义，专门承担计算机输出显示图形的任务。我们看到的电脑里呈现出超清晰、高特效的游戏画面，就需要好的GPU来实现。而GPU挖矿，意思是利用计算机的GPU资源来参与挖矿。

GPU与CPU相比，CPU能处理的东西更多，能力范围更广，但是事情一多就忙不过来；而GPU则相当专一，它只负责处理与图像相关的事情，所以GPU效率相对较高。因此，如果一个区块链项目同时使用GPU和CPU来挖矿，那么GPU挖矿的效率要比CPU高很多。

【ASIC挖矿】

虽然CPU与GPU都可以用于挖矿，但毕竟CPU和GPU的本职工作并不是这个。就好比让作家去编程，肯定是达不到最高效率的。于是，一群学微电子专业的人，针对区块链的挖矿，发明出了专用挖矿芯片，这种芯片叫作ASIC芯片，而集成了ASIC芯片的机器，就叫作ASIC矿机，运用ASIC矿机去挖矿，就叫作ASIC挖矿。

【存储挖矿】

通过向一些特定的区块链项目提供存储空间，来获得对应的区块链加密货币奖励方式，叫作存储挖矿。

5

比特币矿机的进化之路

比特币作为第一个区块链项目，也是第一个开启加密货币挖矿的项目，设计者中本聪最初的想法是——人人都能用自己的电脑来挖比特币。所以，最早的比特币就是用电脑的CPU来挖的。后来一些聪明的人发现，GPU的运行效率比CPU的更高，于是通过编程的方式改进了比特币的挖矿程序，使其能够使用GPU来挖比特币。2010年9月18日，第一个显卡挖矿软件发布，一张显卡相当于几十个CPU，挖矿能力得到明显提升。

而当GPU挖比特币变得盛行的时候，有一些人还不满足，便摸索出挖比特币的专用ASIC芯片，这种芯片功能十分专一，比GPU的挖矿效率高几十倍。如此高的运行效率，自然会有发热问题，因此还要为它专门加上散热片与风扇，这种组合就成了比特币专用矿机。

如今已经有好几家比特币专用矿机的生产厂商成功地在美国上市。

【矿场】

购买许多台矿机，并进行集中式管理的地方就叫作矿场。

如今，专业的矿场需要找专业人士修建符合条件的矿场机房，尤其是对矿场的电、网络、通风、隔尘、降噪、防火、防静电、温度、湿度等方面都要求很高，同时还需要配备专业的人员来维护、管理矿机。

【矿池】

单个机器挖到加密货币的概率很低，一些智力超群的狂热分子开发出一种可以将少量运算能力合并运作的方法，使用这种用网络汇集运算能力的方式所建立的网站，称为"矿池"。

矿池突破了地理位置的限制，可以将分散在全球各地的矿工、矿场联合起来挖矿，这样挖到加密货币的概率更高。当矿池挖矿获得加密货币奖励时，会按照每个矿工的贡献进行分配。这种方式要比单独挖矿更容易获得稳定的收益。

【加密钱包】

存放加密货币的软件，叫作加密钱包。根据是否联网还分为冷钱包和热钱包。

【热钱包】

使用时必须联网，保持在线的钱包，叫作热钱包，也叫在线钱包。

【冷钱包】

冷钱包也叫离线钱包。使用时无须联网。

通常来讲，冷钱包因为不联网，会比热钱包更加安全。

和爸爸妈妈一起学

1 比特币介绍

【比特币】

比特币是由神秘人中本聪发明的电子加密货币，也是世界上区块链技术的第一个应用。中本聪于2008年11月1日，在一个名叫P2P foundation的网站上发布了比特币白皮书《比特币：一种点对点的电子现金系统》。白皮书详细介绍了比特币是一个完全的点对点版本的电子现金，允许一方不通过金融机构直接在线支付给另一方。

2009年1月3日，中本聪在位于芬兰赫尔辛基的一个小型服务器上挖出了第一批50个比特币。

【中本聪】

中本聪是比特币的发明者，由于他始终在网络中匿名出现，直到今天我们仍不知道他是谁，甚至不知道他是一个人还是一个组织。

【比特币与区块链的关系】

在比特币出现后的几年里，许多开发者意识到比特币的底层结构——这种块链式的数据结构，有非常大的作用，于是在2016年左右将比特币的底层结构提取出来，称为"区块链技术"，而"区块链"一词，源于中本聪在其原始论文中分别使用了"区块"和"链"两个词语。

所以，可以说比特币和区块链技术是同时被中本聪发明的，区块链技术是比特币的底层技术，而比特币是区块链的第一款应用。

【共识机制】

简单来说，共识机制就是一种基于区块链的，被大家都认可的规则。对于中心化的架构来说，中心说了算，大家只能认可中心制定的规则。对于去中心化的区块链来说，没有一个中心来制定规则，所有人都参与记账，所有人都是平等的，于是需要一个大家都认可的规则，并严格执行。这个规则需要保证在非常多的人参与区块链记账的情况下，不会被破坏，保证所有人的账本统一，这样的机制就叫作共识机制。

【工作量证明】

比特币的共识机制就是工作量证明，意思是Proof of Work，简称POW。

每出一个区块，就相当于给每个想要竞争记账的人出了一道很难的数学题，谁先算出来，谁就获得这个区块的记账权。当运算完这道复杂的计算题并得出答案后，答案能够被快速验证，这个证明就叫作工作量证明。

现实生活中，也有类似的"工作量证明"。当读了16年书，付出16年的时间

和努力，最后可以得到大学毕业证书。这个毕业证书就是证明，别人一看就知道你是从哪个学校毕业的。这就是现实中的"工作量证明"。

【比特币算力】

想要获得比特币，需要计算一道很复杂的题，这道题不能讨巧，需要计算机不断地运算一种叫SHA256的哈希加密算法，计算机每秒钟能做多少次这样的计算，就代表比特币的计算能力是怎样的，也就是算力。

【51%算力攻击】

从理论上来说，如果一个人拥有的比特币算力达到全部比特币网络的51%以上，那么他就可以篡改比特币账本。不过，实际上完全不用担心账本被篡改，因为现在整个比特币网络的算力非常大，即使是全球前十的超级计算机全部加起来，也远远达不到比特币算力的51%。

【公钥与私钥】

传统金融机构银行有账户体系，我们需要在银行办卡，才会有这个银行的账户和密码。我们给他人转账，需要知道对方的账户是多少，并且要输入自己的密码。

而比特币由于其去中心化的特性，必须要建立一个没有中心也能互相转账的体系。这就是私钥与公钥，当然，这个"钥"不是现实生活中的钥匙，而是网络中的一些由数字和英文组成的字符串。

私钥，等于银行卡的账号+密码，所以私钥是最核心掌管数字资产的钥匙，如果私钥被别人偷走了，那你在其中的所有数字资产就能被盗走。既然私钥这么重要，如果别人要转账给我，我又不能把私钥给对方，那要怎么操作呢？可以用一种非对称的加密方式，让私钥生成公钥。非对称的加密方式就是私钥可以推导出公钥是什么，但是反过来，公钥无法推导出对应的私钥是什么。

公钥，相当于银行卡账号，可以放心给到对方，而不用担心被盗。但是由于公钥的字符串很长，也很难记，便通过把公钥再次进行加密运算，得到一串较短的字符串，这个字符串称为地址。在实际转账过程中，通过给对方自己的地址，就可以获得对方转账过来的比特币了。

总的来说，私钥加密生成公钥，而公钥加密再生成地址。

【双重花费问题】

因为比特币的网络特别大，并且很复杂，可能存在一笔钱被同时转给两个人的情况。这样一笔钱就花费了两次，这就是双重花费问题，又叫"双花问题"。如果双花问题不解决，就没有人信任比特币了。一笔钱可以当两笔花，不就乱套了吗？于是出现了一个机制来解决这个问题，这就是UTXO交易模型。

【UTXO】

UTXO，即Unspent Transaction Output，指的是未使用的交易输出，这是比

特币的一种交易模型。

假设你有一张十元的纸币和一张五元的纸币，而你买的东西需要支付九元钱时，那你应该是把十元的纸币给出去，然后收回一元钱，这里的UTXO就是原有的没有支出的五元钱和刚刚收回的一元钱，因为它们都是没有被花费出去的。

那么，UTXO如何防止出现双花问题呢？

假设小李将自己10个UTXO比特币同时转给小红和小霞，系统在转账之前会先确认这笔钱是否属于UTXO。因为区块链有时间戳，每笔交易总会有时间前后的差异。当发现小李先转账给了小红，转账成功后，这10个UTXO比特币就没有了。后来再转给小霞的时候，系统检测不到这10个UTXO比特币，便会判定转账失败。

【比特币总量恒定】

参与比特币的竞争记账，获得记账权后，可以获得系统奖励和当前这个区块里所有交易所给的"矿工费"。矿工费是指，每笔交易都需要"矿工"将交易打包进区块当中，发起交易的人需要支付给矿工一笔很少的费用作为酬劳。

比特币的系统奖励也是比特币的发行方式，根据设定好的条件，每生成21000个区块，系统奖励就会减半一次，按照时间来算，大概是每四年减半一次。从2009年开始，系统奖励为每个区块奖励矿工50个比特币。2020年5月，系统奖励第三次减半，变为每个区块奖励6.25个比特币。依此类推，直到第33次减半时，每个区块的系统奖励会从0.0021个比特币直接减为0个比特币。

将所有发行的比特币加起来，一共有20999999.97690000个比特币。所以通常我们会说比特币的总量是2100万个，并且总量是恒定的。

当没有系统奖励了，矿工是不是就不愿意继续记账了？别忘了每个区块还有矿工费呢，这些费用加起来也挺可观的。

【比特币最小单位】

一个比特币可以拆分成一亿份，最小的单位是0.00000001个比特币，也就是一亿分之一个比特币，这个最小的单位被称为1聪。

2
区块链的分类

区块链根据应用范围可分为公有链、联盟链、私有链。

【公有链】

公有链，正如它的名字一样，是公开透明的，全世界任何人都可以随时加入公有链的网络中读取和发送可确认的交易，并且可以参与竞争记账，这样的区块链，我们称为公有链。公有链通常被认为是"完全去中心化"的，没有任何一个人或组织能够篡改其中的数据。最经典的公有链就是比特币。

【联盟链】

顾名思义，就是组成联盟的团体共同维护的一个区块链。这个联盟通常是由若干个机构参与的，而联盟里的机构需要联盟授权才能加入和退出。联盟链里记录的数据，仅允许其中的机构参与读写数据与发送信息。相比公有链，联盟链的去中心化程度没那么高，普通的人或组织是查看不了联盟链中的数据的。比较有代表性的联盟链是超级账本项目——Hyperledger Fabric。

【私有链】

一些区块链并不想让太多人或者机构参与，因此便有一类区块链，它的读取和写入的权限由某个组织或机构控制，这一类区块链就是私有链。私有链一般不对外公开，只有特定的被许可的节点才可以参与，通常适用于机构或者组织进行内部检查和审计。

【小结】

简单来说，人人都能参与的是公有链；各个公司或组织之间组成的是联盟链；公司或者组织内部的区块链是私有链。

三者以去中心化程度来看——去中心化程度最高的是公有链，联盟链次之，最后是私有链。

以传递信息的速度来看——私有链最快，联盟链次之，公有链最慢。

以数据公开的程度来看——公有链最公开，联盟链次之，最后是私有链。

根据是否有奖励，区块链又可分为有币区块链和无币区块链。

【有币区块链】

如果没有加密货币作为奖励，人们很难主动地来参与区块链的记账，所以，一些区块链就会设置激励机制。这样的区块链叫作有币区块链。

【无币区块链】

维持区块链的节点不会给予加密货币奖励的区块链叫作无币区块链。

通常来讲，公有链都是有币区块链，联盟链和私有链是无币区块链。不过，联盟链或者私有链也可以设置一些加密货币用于激励组织内部。

区块链根据许可进入区块链网络的情况，分为无许可区块链和许可区块链。

【无许可区块链】

不需要任何许可，任何人或者组织都能加入区块链网络。这样的区块链叫作无许可区块链。一般公有链属于无许可区块链。

【许可区块链】

需要一定的许可才能加入区块链网络，这样的区块链叫作许可区块链。一般来说，联盟链和私有链属于许可区块链。

3

经典无币区块链介绍

【Hyperledger Fabric】

这是由Linux基金会发起建立的企业级许可制分布式账本技术平台。它提供了一种独特的共识方法，可在保护隐私的同时实现大规模性能，让企业更容易地开发出自己的区块链解决方案。目前已经有超过250家企业、组织使用Hyperledger Fabric，其中既包括IBM、Intel、百度、华为等IT巨头，也包括荷兰银行、埃森哲、澳新银行等金融机构。

【HyperChain】

这是由趣链科技研发的国产自主可控区块链底层平台。满足企业级应用在性能、权限、安全、隐私、可靠性、可扩展性与运维等多方面的商用需求，并以高性能、高可用、可扩展、易运维、强隐私保护、混合型存储等特性更好地支撑企业、政府、产业联盟等行业应用，促进多机构间价值高效流通，是国内第一批通过工信部标准院与中国信息通信研究院区块链标准测试，并符合国家战略安全规划的区块链核心技术平台，在2019年度中国信息通信研究院区块链功能测试和性能测试中均名列第一。

【FISCO】

FISCO BCOS平台是由FISCO开源工作组构建的。工作组的成员包括Beyondsoft（博彦科技）、神州数码集团、四方精创、华为、深圳证券通信、腾讯、微众银行、伊比精密科技、越秀金融控股等。目的是创建一个满足金融行业要求的安全可控的区块链平台。

【蚂蚁区块链】

蚂蚁区块链是蚂蚁金服旗下的区块链产品。

蚂蚁区块链致力于使用区块链技术解决社会信任问题，推动区块链应用的规模化、商业化、生态化发展。

2019年4月，由蚂蚁区块链团队运营的阿里云BaaS（为移动应用开发者提供整合云后端的边界服务）被顶级咨询公司Gartner（高德纳）评选为全球六大领先区块链技术云服务商之一。

从平台能力来看，蚂蚁区块链BaaS具有五大优势：高性能、高可靠；信任隐私保护；简单易用；跨网络；云上的网络安全。同年，蚂蚁区块链也上榜了福布斯全球区块链50强。

【腾讯TrustSQL】

TrustSQL是由腾讯打造的区块链底层技术。

2018年8月10日，基于腾讯区块链开发的全国第一张区块链电子发票在深圳的

国贸旋转餐厅成功开出，这意味着区块链技术在电子票据方面成功落地。

2020年7月3日，深圳市区块链电子发票系统项目荣获"深圳市市长质量奖（服务类金奖）"，并被深圳市市长陈如桂评价为深圳智慧城市建设的一张亮丽名片。截至当日，由腾讯区块链提供底层技术支持的深圳区块链电子发票开票量已达2500万张。

区块链的发展

【区块链1.0】

以比特币为代表的第一批基于区块链的数字资产的应用，就是区块链1.0。

这个时期的各种数字资产基本都围绕着比特币的技术思路在发展，把比特币的一些参数进行调整，比如货币的总数、产生的速度、计算方法、额外奖励、加密算法等，以此生成新的数字资产。

区块链1.0记录的数据主要以交易信息为主，保证的是交易信息不可篡改，功能比较有限。

【区块链2.0】

这个时期的区块链，相当于把在区块链1.0阶段不可篡改的账本设计成不可篡改的虚拟机，而虚拟机就相当于电脑的Windows 10系统或者手机的安卓系统，这样就可以在其中编写程序了。于是，我们就能得到不可篡改的程序，进而可以制作出许多有区块链特性的应用。这个"区块链+智能合约"阶段，我们称为区块链2.0。

【区块链3.0】

虽然以太坊开创了区块链2.0时代，并且成为一个拥有众多开发者在以太坊上开发应用的大型区块链应用平台，但是以太坊一直有性能问题上的困扰。由于有太多的应用，每个应用的交易都要发送到以太坊的网络中，当交易变得非常多的时候，以太坊就会出现拥堵的情况，就好像现实中的堵车一样，需要慢慢缓解。这样的性能肯定是不能满足商业需求的。

区块链3.0技术在性能、易用性、可操作性、扩展性等方面都有进一步提高，并能够支持区块链在各个行业落地实行。

到目前为止，区块链3.0其实仍未达到，但一些项目已经朝着区块链3.0阶段努力发展了。

行业专用术语

【通证（Token）】

可流通的加密的权益证明。通常是基于一个支持智能合约的区块链，并用智能合约生成的数字资产。

【同质化通证】

用智能合约生成的一个系列的通证，这些通证是完全一样的，可以互相交换，并且单个通证可以拆分成很多份。这样的通证就是同质化通证，又称为FT。

【非同质化通证】

用智能合约生成的一个系列的通证，这些通证是不一样的。就好比这个系列的通证是一副扑克牌，它们相互是不同的，单个通证也不能拆分。这样的通证就是非同质化通证，又称为NFT。

【加密货币】

加密货币是基于密码学、不具备物理形式的货币，是数字货币的表现形式之一，通常是指基于区块链技术发行的去中心化的数字资产，使用加密学来保证交易的安全性。

【央行数字货币】

由各国中央银行发行的法定数字货币，又叫CBDC（Central Bank Digital Currency）。我国的法定数字货币名叫DCEP（Digital Currency Electronic Payment）。

【跨链技术】

一种区块链技术，可以使不同区块链上的资产和数据进行交互。

大部分的区块链都自成一派，可以把它们看成是各自发展的城市，城市之间并不能互相往来，而跨链技术就好比是能连通各个城市的高铁一样，将不同区块链链接起来，进行信息传递或转账。

【DAPP】

APP是应用软件的缩写，而DAPP是在APP的基础之上增加了一个"Decentrilized"，意思是去中心化的应用软件。若一个APP里的程序是基于区块链的智能合约，那么这个软件就叫作DAPP。

【DAO】

DAO是指去中心化的自治组织（Decentralized Autonomous Organization），这种组织没有一个中心的领导，需要所有参与者对于目标都有一个共识，并通过基于区块链的智能合约进行公平的民主投票，制定操作原则。

就好像小读者们和一群朋友出去玩，到了吃饭的时候，需要一起决定吃什

么。如果大家想吃的都不同，就需要通过投票来选择最后吃什么，而这样的投票过程就像一次DAO组织完成一次决策，其中并不是由某个人决定，而是一群人商议的结果。

【DeFi】

去中心化金融（Decentralized Finance），一种不需要中心机构或者个人，只需要通过区块链及上面的智能合约，就能实现交易、借贷、清算等金融功能的产品，通常需要基于数字资产来与他人交互。

去中心化金融是相对于传统的中心化金融来说的，去中心化金融是没有金融机构的，用户无须银行账户，依然可以与其他人进行金融方面的交互。

后 记

小读者们，非常开心你能认真读完这本书。不知道在这短短的几万字里，你是否对区块链有了初步的认识和了解？如果看完这本书，你能够了解到什么是比特币，什么是区块链，以及区块链究竟有什么用，那么对我来说已经是莫大的荣幸了。

在动笔开始写这本书前，我的内心是忐忑的。

对于在区块链行业实实在在摸爬滚打了好几年的我来说，深知这项技术的重要性，但也清楚地认识到它要走的路还很长。对于大部分人来说，理解这项看不见摸不着的技术本身就很困难，再加上还有一些狡猾的人利用区块链技术进行非法活动，这些都使得区块链技术遭受了不小的非议。

因此，在写这些内容时，我尽量确保这些内容的客观性。

区块链目前依然在快速发展阶段，书中的一些观点和知识可能会因为技术的更新迭代而发生变化。所以，也许你们现在看到和学习到的关于区块链的内容，在未来某个时期会被更新甚至取代。

但，正因为区块链现在处于发展早期，才更值得我们去研究。从大方向来说，谁能掌握区块链领域的前沿技术，谁就能把控未来的经济动力；而对行业内的人来说，一个处于早期状态的行业，必然充满各种机会，越早了解，机遇越多。

那么，对于小读者来说，区块链作为国家重点布局和发展的产业，需要你们从小就建立一定的认知，明白这项技术的重要性，甚至学习一些关于区块链的重要知识，也许这些知识现在还用不上，但作为未来世界的小主人，了解前沿技术也是充满无穷趣味的。

21世纪的科技发展速度可以用爆炸来形容，不管是互联网、大数据、人工智能还是区块链、5G，一个个科技名词飞快地从人们眼前闪过，甚至还没有明白怎么回事，就已经成为人们生产生活的基础设施。所以希望你们能够多看、多听和多思考，尽可能了解这些前沿技术，说不定你们长大后就会进入其中某个行业，而现在就是培养这些兴趣的最佳时期。

这些就是促使我写下这本书的动力。

我相信，每个翻开这本书的小读者一定是对新技术、新知识、新事物充满好奇的"花朵"。而我在长夜挑灯书写的时刻，脑海中浮现的是你们看完这本书的喜悦和学习到新知识的兴奋，如果真能如此，我的努力便有了回报。

当然，还要感谢一直在背后为我默默加油和付出的团队，因为他们的努力和帮助，我才能静心写完这本书。

　　最后，希望小读者们在成长的道路上开开心心、健健康康地收获属于自己的胜利果实，未来一片光明！

区块链骑士

2020年9月于成都